DES

HYBRIDES ET DES MÉTIS

DE DATURA

ÉTUDIÉS SPÉCIALEMENT DANS LEUR DESCENDANCE

PAR

D. A. GODRON

Doyen honoraire de la Faculté des Sciences de Nancy, Directeur du Jardin des Plantes de la même ville,
Membre de l'Académie de Stanislas.

NANCY

IMPRIMERIE BERGER-LEVRAULT ET Cⁱᵉ

11, RUE JEAN-LAMOUR, 11

1873

DES

HYBRIDES ET DES MÉTIS

DE DATURA

ÉTUDIÉS SPÉCIALEMENT DANS LEUR DESCENDANCE

PAR

D. A. GODRON

Doyen honoraire de la Faculté des Sciences de Nancy, Directeur du Jardin des Plantes de la même ville,
Membre de l'Académie de Stanislas.

NANCY

IMPRIMERIE BERGER-LEVRAULT ET Cie

11, RUE JEAN-LAMOUR, 11

—

1873

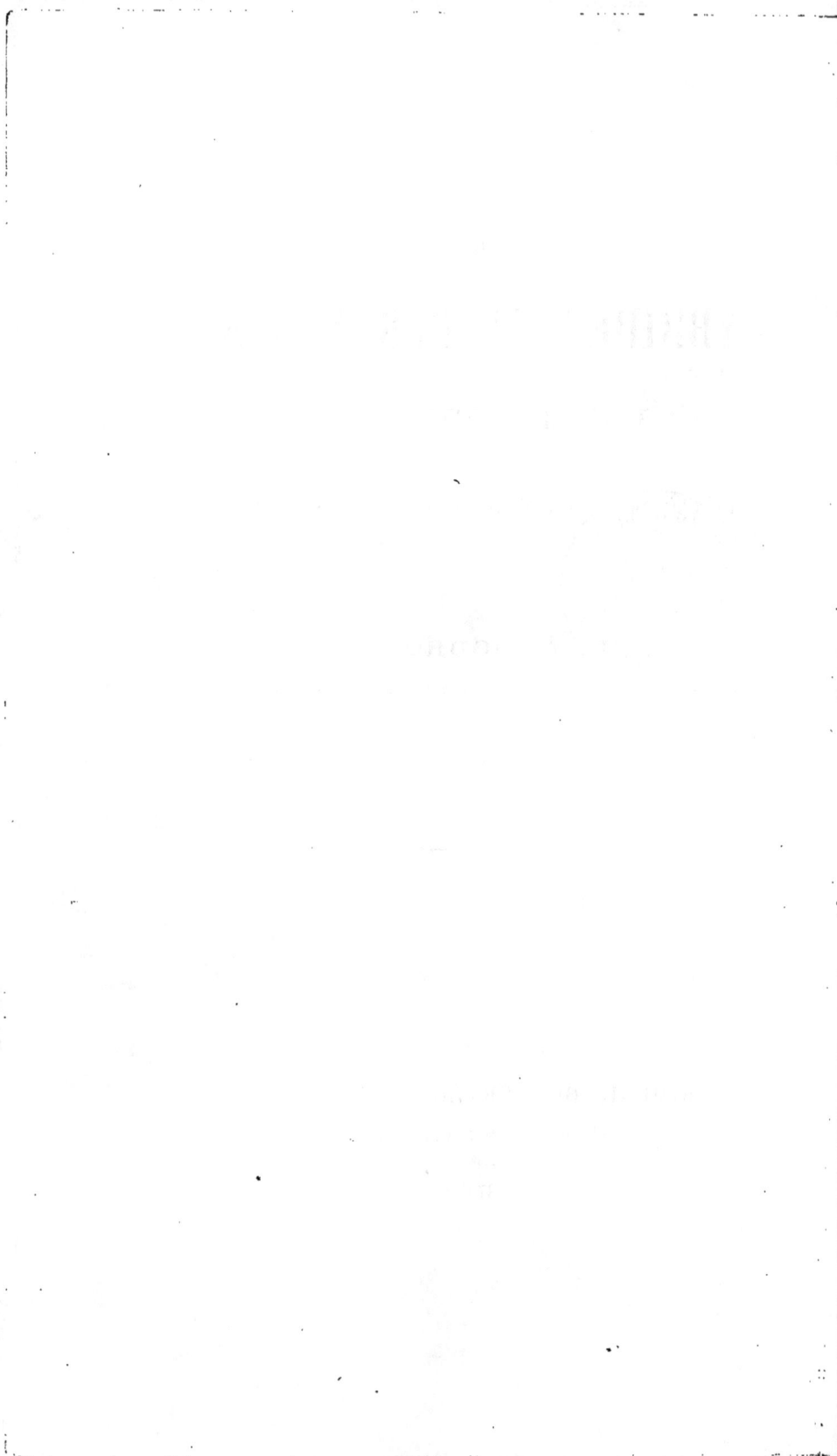

DES

HYBRIDES ET DES MÉTIS

DE DATURA

ÉTUDIÉS SPÉCIALEMENT DANS LEUR DESCENDANCE

Malgré les nombreuses expériences d'hybridation artificielle exécutées depuis Linnée [1] jusqu'aujourd'hui, malgré la recherche et l'étude des hybrides développés spontanément à l'état sauvage, surtout depuis l'époque où Aug. Pyr. de Candolle en dressa une première liste, en 1832 [2], les questions que soulèvent ces végétaux adultérins ne sont pas encore toutes complétement élucidées. On ne s'est pas, selon nous, occupé suffisamment d'établir, par des expériences méthodiques, ce que les hybrides fertiles par eux-mêmes deviennent dans leur postérité, et surtout de constater s'ils reviennent tou-

---

[1] C'est à Linné que nous devons le premier hybride obtenu par la fécondation artificielle, le *Tragopogon porrifolio-pratense* (*Amœnitates academicæ*, éd. Schreber, t. X (1790), p. 126).

[2] Aug. Pyr. de Candolle, *Physiologie végétale* ; Paris, 1832, in-8°, t. II, p. 707.

GODRON. 1

jours nécessairement et intégralement aux caractères naturels de l'une ou de l'autre des deux
espèces qui leur ont donné naissance.

On sait déjà que des hybrides plus ou moins
fertiles par eux-mêmes, refécondés à chaque génération par le pollen du même parent, ont fini par
reproduire un retour complet à ce même ancêtre.
C'est, et l'on pourrait en citer d'autres exemples
acquis à la science, ce qu'a fait Koelreuter (¹) pour
le *Nicotiana paniculato-rustica*, qui est revenu au
type paternel à la cinquième génération, et Wiegmann (²) pour l'hybride inverse, le *Nicotiana rus-
tico-paniculata*. Ces deux habiles expérimentateurs
ont toutefois négligé de s'assurer si ces formes de
retour se seraient continuées sans modifications
dans leur descendance.

On n'ignore pas non plus que, chez les hybrides
pourvus d'un pollen fécond, si les insectes ailés
interviennent activement dans la fécondation, les
formes les plus variées se multiplient d'année en
année, ainsi que les retours momentanés aux deux
types primitifs, lorsque ces hybrides restent en société entre eux et, qui plus est, avec leurs premiers
parents. L'action fécondante se trouvant livrée au

(¹) Koelreuter, *Dritte Fortsetzung der vorlaufigen Nachricht
von einigen das Geschlecht der Pflanzen betreffenden Versuchen*;
Leipsig, in-12, 1766, p. 51.

(²) Wiegmann, *Ueber die Bastardenzeugung im Pflanzenreiche*;
Braunweig. 1838, in-4°, p. 8.

hasard et les croisements s'opérant dans tous les sens, on comprend que, dans de semblables conditions, la variabilité des formes produites soit infinie et puisse se perpétuer indéfiniment. Ce sont là précisément les phénomènes qu'a observés M. Naudin ([1]) sur son *Linaria purpureo-vulgaris* et que j'ai constatés aussi moi-même, pendant sept générations consécutives, dans la postérité de mon *Linaria purpureo genistæfolia*, hybride auquel est venu spontanément se mêler le *Linaria striata* ([2]). Pour constater la filiation régulière des produits de ces deux expériences d'hybridation, il eût été nécessaire d'isoler successivement, d'année en année, chacune des formes produites, pour les soustraire ainsi à l'action perturbatrice des abeilles et des bourdons. Je l'ai tenté, mais les soins rigoureusement indispensables pour atteindre le but, présentaient les plus sérieuses difficultés d'exécution.

Il en est autrement des hybrides fertiles par eux-mêmes et procédant d'espèces que les insectes ailés ne fréquentent pas. Ils peuvent vivre en société, et aussi avec les parents, sans que la fécondation de chaque fleur par son propre pollen soit troublée, et l'on peut suivre rigoureusement, de génération en

([1]) Naudin, *Nouvelles archives du Muséum ;* Paris, grand in-4°, t. I, p. 96 à 105.

([2]) Godron, *Recherches expérimentales sur l'hybridité dans le règne végétal,* dans les *Annales des sciences naturelles,* 4e série, t. XIX (1863), p. 141 et 154.

génération, les variations des produits et les retours
à l'un et à l'autre de leurs ascendants ; on peut
constater, enfin, si ces types reproduits conservent
dans leur postérité les caractères qui sont propres
aux espèces dont ils descendent.

Les hybrides de *Datura*, qui sont fertiles par
eux-mêmes, nous offrent ces conditions favorables,
puisqu'ils ne se produisent pas spontanément,
comme le prouvent les faits suivants :

Les *Datura Stramonium* et *Tatula* qui, pour nous,
ne sont que deux races d'une même espèce et dont le
mélange accidentel pourrait, à raison de leur com-
mune origine, paraître plus facile, ne s'unissent pas
sans l'intervention de l'homme. Le docteur Tully ([1])
qui a observé ces deux plantes croissant pêle-mêle
pendant dix ans, a constaté qu'elles n'ont pas varié
par le semis de leurs graines et qu'elles ne lui ont
présenté aucun état intermédiaire indiquant des
croisements possibles entre elles. Les expériences de
M. Naudin ([2]) ne sont pas moins concluantes.
D'une autre part, les présentes expériences confirment, comme nous le verrons, les faits précédents
d'une manière non douteuse, puisque toutes les
formes de retour dans les hybrides et les métis de
Datura ont fini par se fixer, bien que vivant les

([1]) Tully, *The american journal of science and arts*, 1823,
VI, p. 224.

([2]) Naudin, *Annales des sciences naturelles* ; 4e série, t. IX
(1858), p. 262.

unes avec les autres et aussi avec leurs parents légitimes; jamais le moindre indice de croisement
spontané ne s'est produit dans ces conditions. On
est donc assuré de pouvoir suivre facilement sur
eux la filiation naturelle des produits et les résultats successifs de toutes les fécondations directes et
spontanées qui modifient leurs formes avant de les
fixer définitivement.

Pour atteindre ce but, je n'ai eu, du reste, qu'à
continuer des expériences commencées et dont j'ai
déjà rendu compte dans deux publications antérieures (¹).

Mais je dois indiquer, tout d'abord, les précau-
tions prises pour prévenir toute confusion ou erreur
dans l'exécution d'expériences qui devaient nécessairement durer un certain nombre d'années. Vou-
lant conserver des représentants de toutes les formes
produites de génération en génération dans les huit
séries parallèles d'hybrides que j'ai créés, afin
d'étudier la descendance de chacune de ces formes,
j'avais besoin d'un terrain d'une certaine étendue.
Mon enclos du Jardin des Plantes a été agrandi et
mon jardin particulier a pu également recevoir sa
part de graines de chacun des produits hybrides ;
ce qui m'a fourni un moyen de contrôle que je

(¹) Godron, *Observations sur les races du Datura Stramonium*
dans les *Mémoires de l'Académie de Stanislas pour 1864*, p. 207
et *Nouvelles expériences sur l'hybridité dans le règne végétal*,
dans les *Mémoires de la même académie pour 1865*, p. 330.

savais ne pas être inutile, et m'a permis en même temps de conserver un plus grand nombre de pieds provenant de chaque forme hybride.

Les graines ont été, dans les deux jardins, semées en pots; ceux-ci ont été placés dans une bâche chaude et écartés les uns des autres pour empêcher le mélange des graines projetées quelquefois par les arrosements.

Le même sol devant être planté, d'année en année, de *Datura* hybrides, il était facile de prévoir que les graines des générations précédentes, tom-bées à terre, infesteraient bientôt le terrain. Ces graines germant facilement, même sur un sol non cultivé, sur des allées de jardin par exemple, comme je l'ai observé tous les ans, pourraient mêler d'an-ciens hybrides aux nouveaux et jeter de la confu-sion dans les expériences. Il a été facile d'y obvier de façon à ne laisser aucune inquiétude à ce sujet. Les graines de ces hybrides, semées de bonne heure et sous couche chaude, germent assez promptement et les pieds sont déjà assez développés au moment de procéder au repiquage. Il suffit donc, après cette opération horticole terminée, d'arracher tous les pieds nouveaux qui viennent à germer au milieu d'eux ou dans leur voisinage, et on les reconnaît facilement à leurs cotylédons linéaires et longue-ment épigés.

Il est aussi un ennemi contre lequel il faut mon-trer de la vigilance, ce sont les petites limaces noires

et grises, extrêmement friandes des jeunes pieds de
Datura qu'elles coupent au-dessous des cotylédons
et dont elles n'éprouvent en aucune façon l'effet
toxique.

Enfin, les différentes espèces de *Datura* ont été
jusqu'ici décrites d'une manière si imparfaite et
surtout si incomplète, la synonymie de quelques-
unes est si embrouillée, qu'elles ont plusieurs fois
été prises les unes pour les autres et que des expériences d'hybridation, en apparence semblables,
ont donné des résultats différents, parce que l'un
des parents appartenait réellement à une espèce
différente dans les deux opérations. C'est ainsi
qu'on a confondu le *Datura Bertolonii Parl.* et le
Datura lœvis L. fil., distincts par des caractères
facilement appréciables et les différences qui les séparent se révèlent en outre dans leurs hybrides,
comme nous l'établirons. De plus, une espèce, que
je crois nouvelle, est répandue dans les jardins botaniques sous différents noms; ses graines m'ont
été adressées sous ceux de *Datura quercifolia H. B.
Kew., Tatula L., muricata Link, alba Nées* et même
humata Bernh., et aucun de ces noms ne lui appartient légitimement. J'y ai été moi-même trompé et
cette plante est précisément celle que, dans une
expérience déjà publiée, j'ai désignée sous le faux
nom de *D. quercifolia;* un expérimentateur éminent
paraît l'avoir prise pour le *D. Tatula,* comme nous
le verrons plus loin. C'est elle que je désigne, dans

le présent travail, sous le nom de *Datura præcox*. Je me vois donc dans l'obligation de décrire avec soin, à la fin de ce Mémoire et sous forme d'appendice, différentes espèces de *Datura* appartenant à la section *Stramonium*.

J'ai établi, dans un opuscule (¹) publié, il y a quelques années, ce qu'il faut entendre, dans le genre *Datura,* par races et par espèces; cette distinction, que confirment les faits consignés dans le présent Mémoire, nous permet de diviser naturellement en deux séries les expériences de croisement opérées entre ces diverses plantes : 1° croisements entre races produisant des métis; 2° croisements entre espèces procréant des hybrides.

PREMIÈRE SÉRIE.

Métis entre races d'une même espèce de DATURA.

1ʳᵉ Expérience. — *Datura Bertolonii* fécondé, en 1863, par le pollen du *Datura Tatula capsulis spinosis*.

Première génération (semis de 1864). — Tous les pieds, au nombre de 12, ont reproduit exclusivement le type paternel, le *D. Tatula capsulis spinosis*.

(¹) Godron, *Observations sur les races de Datura Stramonium,* dans les *Mém. de l'Académie de Stanislas, pour 1864,* p. 207-216.

Seconde génération (semis de 1865). — Elle a donné :

A (¹). . . . 16 pieds de *D. Tatula capsulis spinosis*.
B. 11   —   *D. Tatula capsulis inermibus*.
C 2   —   *D. Stramonium*.

Troisième génération (semis de 1866). — Elle a fourni, des trois formes obtenues à la seconde génération, les résultats suivants :

Aa' (¹). . . 6 pieds de *D. Tatula capsulis spinosis*.
Aa'' 2   —   *D. Bertolonii*.
Aa''' 1   —   *D. Tatula capsulis inermibus*.
B*b*. 25   —   *D.*   id.
C*c*'. 10   —   *D. Stramonium*.
C*c*'' 8   —   *D. Bertolonii*.

Quatrième génération (semis de 1867). — Elle a produit :

Aa'a'. . . . . 7 pieds de *D. Tatula capsulis spinosis*.
Aa'a'' 1   —   *D. Stramonium*.
Aa''a 3   —   *D. Bertolonii*.
Aa'''a 5   —   *D. Tatula capsulis inermibus*.
B*bb* 12   —   *D.*   id.
C*c*'c 2   —   *D. Stramonium*.
C*c*''c. 5   —   *D. Bertolonii*.

(¹) Je pense qu'on comprendra facilement les annotations par lettres qui indiquent la filiation des produits obtenus d'une génération à l'autre. Les lettres majuscules A, B, C, etc., sont conservées à toute la série des formes qui, à la seconde génération, sont nées des formes primitives et les lettres sont continuées dans les générations suivantes. A la troisième génération, A, B, C, etc., sont suivis de *a*, de *b*, de *c*, etc., si les produits restent chacun semblables aux formes d'où ils dérivent, et de *a'*, *a''*, *a'''*, etc., ou *b'*, *b''*, *b'''*, etc., ou *c'*, *c''*, *c'''*, etc., si, au contraire, de la même forme il en est sorti plusieurs, elles se trouvent ainsi distinguées et constituent des lignées secondaires, tertiaires, etc. Pour les générations suivantes, on ajoute pour chacune d'elles un nouvel *a*, *a'*, *a''*, etc., ou *b*, *b'*, *b''*, etc. On peut ainsi suivre la généalogie de chaque forme et la rattacher à son origine.

Cinquième génération (semis de 1868). — Elle a fourni :

Aa′a′a . . . 10 pieds de *D. Tatula capsulis spinosis.*
Aa′a″a . . 3 — *D. Stramonium.*
Aa″aa. . . 0 — Tout le semis a été détruit par les limaces.
Aa‴aa . . 6 — *D. Tatula capsulis inermibus.*
Bbbb. . . . 15 — *D.*   id.
Cc′cc. . . . 3 — *D. Stramonium.*
Cc″cc. . . . 5 — *D. Bertolonii.*

Sixième génération (semis de 1869). — Elle a maintenu tous les résultats des deux générations précédentes, savoir :

Aa′a′aa . . 7 pieds de *D. Tatula capsulis spinosis.*
Aa′a″aa . . 10 — *D. Stramonium.*
Aa‴aaa . . 12 — *D. Tatula capsulis inermibus.*
Bbbbb . . . 6 — *D.*   id.
Cc′ccc . . . 8 — *D. Stramonium.*
Cc″ccc . . . 10 — *D. Bertolonii.*

Septième génération (semis de 1870). — Les résultats sont ceux des trois générations précédentes, savoir :

Aa′a′aaa. . 15 pieds de *D. Tatula capsulis spinosis.*
Aa′a″aaa . 6 — *D. Stramonium.*
Aa‴aaaa . 20 — *D. Tatula capsulis inermibus.*
Bbbbbb. . . 12 — *D.*   id.
Cc′cccc . . 7 — *D. Stramonium.*
Cc″cccc. . . 15 — *D. Bertolonii.*

Huitième génération (semis de 1871). — Toutes les formes se maintiennent :

Aa′a′aaaa . 21 pieds de *D. Tatula capsulis spinosis.*
Aa′a″aaaa. 13 — *D. Stramonium.*

A$a'''aaaaa$. 17 pieds de *D. Tatula capsulis inermibus.*
B$bbbbbb$ . . 16   —   *D.*   id.
C$c'ccccc$ . . 9   —   *D. Stramonium.*
C$c''ccccc$ . . 18   —   *D. Bertolonii.*

Dans cette première expérience, tous les pieds de la première génération ont reproduit un type uniforme, comme cela a lieu constamment dans les hybrides de première génération. Mais ici ce type uniforme n'est pas un intermédiaire entre les parents, comme cela se voit chez les vrais hybrides ; c'est le type paternel lui-même qui s'est reproduit avec tous ses caractères normaux. Toutefois, ces plantes étaient de taille plus élevée et la première bifurcation, souvent la seconde, ne présentaient pas de fleur ou d'ovaire noué. Toutes les capsules développées étaient remplies de graines fertiles.

Dans la seconde génération, l'uniformité des produits disparaît ; trois formes distinctes et bien caractérisées, mais connues, se montrent. Le type paternel est seul reproduit et forme plus de la moitié des pieds conservés. Le type maternel est absent ; nous le verrons reparaître dans la génération suivante. Mais, dans cette seconde génération comme dans les suivantes, un fait important se révèle : c'est l'apparition de deux types qui ne sont pas intervenus dans le croisement, savoir : le *Datura Tatula capsulis inermibus* et le *Datura Stramonium.*

Dans la troisième génération, le type maternel, c'est-à-dire le *Datura Bertolonii*, se montre et pro-

cède même de deux origines différentes. Enfin,
toutes les formes reproduites se maintiennent intégralement dans les cinq générations suivantes. On
peut donc considérer leur retour comme définitif.

La taille de ces métis a diminué à partir de la
troisième génération ; elle est redevenue normale et
les bifurcations inférieures ont toutes développé
leur capsule fertile.

2ᵉ Expérience. — *Datura Stramonium* fécondé,
en 1863, par le pollen du *Datura Tatula capsulis
spinosis*.

Première génération (semis de 1864). — Tous les
pieds, au nombre de dix, ont reproduit exclusivement le type paternel, le *D. Tatula capsulis spinosis*.

Seconde génération (semis de 1865). — Elle a
donné :

A . . . . . . 6 pieds de   *D. Stramonium.*
B 2   —   *D. Bertolonii.*
C 10   —   *D. Tatula capsulis spinosis.*
D 6   —   *D. Tatula capsulis inermibus.*

Troisième génération (semis de 1866). — Les
quatre formes, obtenues à la seconde génération,
ont donné à la troisième les résultats suivants :

A*a'*. . . . . 10 pieds de   *D. Stramonium.*
A*a''* 5   —   *D. Bertolonii.*
B*b*. 10   —   *D.*   id.
C*c'*. 6   —   *D Tatula capsulis spinosis.*
C*c''*. 2   —   *D. Tatula capsulis inermibus.*

Cc''' . . . .   2 pieds de   *D. Stramonium.*
D d   7   —   *D. Tatula capsulis inermibus.*

Quatrième génération (semis de 1867). — Elle a produit :

Aa'a'. . . .   12 pieds de   *D. Stramonium.*
Aa'a'' . . .   6   —   *D. Bertolonii.*
Aa''a. . . .   10   —   *D.*   id.
Bbb.   4   —   *D.*   id.
Cc'c   1   —   *D. Tatula capsulis spinosis.*
Cc''c   5   —   *D. Tatula capsulis inermibus.*
Cc'''c. . . .   4   —   *D. Stramonium.*
Ddd   7   —   *D. Tatula capsulis inermibus.*

Cinquième génération (semis de 1868). — Elle a fourni :

Aa'a'a . . .   8 pieds de   *D. Stramonium.*
Aa'a''a. . .   11   —   *D. Bertolonii.*
Aa''aa . . .   5   —   *D.*   id.
Bbbb   6   —   *D.*   id.
Cc'cc. . . .   23   —   *D. Tatula capsulis spinosis.*
Cc''cc. . . .   4   —   *D. Tatula capsulis inermibus.*
Cc'''cc . . .   2   —   *D. Stramonium.*
Dddd. . . .   6   —   *D. Tatula capsulis inermibus.*

Sixième génération (semis de 1869). — Chacune des formes s'est maintenue la même que dans les deux générations précédentes, comme suit :

Aa'a'aa . .   11 pieds de   *D. Stramonium.*
Aa'a''aa . .   13   —   *D. Bertolonii.*
Aa'''aaa . .   3   —   *D.*   id.
Bbbbb . . .   7   —   *D.*   id.
Cc'ccc . . .   15   —   *D. Tatula capsulis spinosis.*
Cc''ccc . . .   2   —   *D. Tatula capsulis inermibus.*
Cc'''ccc. . .   8   —   *D. Stramonium.*
Ddddd . . .   4   —   *D. Tatula capsulis inermibus.*

Septième génération (semis de 1870).

A*a′a′aaa* . .	14	pieds de	*D. Stramonium.*
A*a′a″aaa* .	21	—	*D. Bertolonii.*
A*a″aaaa* . .	11	—	*D.* id.
B*bbbbb* . . .	17	—	*D.* id.
C*c′cccc* . . .	7	—	*D. Tatula capsulis spinosis.*
C*c″cccc* . . .	19	—	*D. Tatula capsulis inermibus.*
C*c‴cccc* . .	15	—	*D. Stramonium.*
D*ddddd* . .	25	—	*D. Tatula capsulis inermibus.*

Huitième génération (semis de 1871).

A*a′a′aaaa* .	13	pieds de	*D. Stramonium.*
A*a′a″aaaa* .	9	—	*D. Bertolonii.*
A*a″aaaaa* .	17	—	*D.* id.
B*bbbbb* . . .	4	—	*D.* id.
C*c′cccc* . . .	25	—	*D. Tatula capsulis spinosis.*
C*c″cccc* . . .	16	—	*D. Tatula capsulis inermibus.*
C*c‴cccc* . .	13	—	*D. Stramonium.*
D*dddddd* . .	6	—	*D. Tatula capsulis inermibus.*

Dans cette seconde expérience, c'est de nouveau le type mâle qui a été exclusivement reproduit à la première génération, c'est-à-dire le *D. Tatula cap-sulis spinosis.* Toutefois, un pied pourvu de capsules complétement épineuses sur toute leur surface, en a montré deux pourvues d'épines sur deux valves, les deux autres valves restant lisses ([1]) et une troi-

([1]) M. Naudin (*Nouvelles archives du Muséum,* t. I, p. 49.) a observé, avant moi, un fait du même genre, dans un croise-ment entre le *Datura Stramonium* et le *Datura lævis,* et en a tiré la conclusion, qui se présentait si naturellement à l'esprit, qu'il y avait là un exemple des caractères appartenant aux deux parents; toutefois, ce même fait, comme on vient de le voir, peut se présenter lorsque les parents ont l'un et l'autre des fruits épineux.

sième capsule n'en est pourvue que dans l'étendue
d'une seule valve ([1]). Les graines d'une de ces capsules semi-épineuses ont été semées en 1865; elles
ont donné les mêmes produits que celles de la capsule normale qui a été semée en même temps. Cette
modification n'est donc pas héréditaire et ne s'est
pas reproduite dans la suite de l'expérience; ce
n'est qu'une variété accidentelle.

A la seconde génération, nous voyons naître, des
graines d'une même capsule, les quatre formes A,
B, C, D, que nous considérons comme races d'une
même espèce, et ce fait vient confirmer pleinement,
ce nous semble, l'opinion que nous avons émise à
cet égard, en nous appuyant sur un autre ordre de
considérations ([2]), que ces quatre formes végétales
sont des races d'une seule et même espèce. Nous
les retrouvons, du reste, dans toutes les générations
suivantes, bien que deux d'entre elles ne soient pas
intervenues dans le croisement primitif.

C'est, comme dans l'expérience précédente, à la
troisième génération que les produits varient le
plus; à la quatrième, nous trouvons encore une
forme qui se dédouble, mais dont les deux lignées
se perpétuent intégralement sans varier pendant

([1]) Ces capsules ont été déposées au Musée d'Histoire naturelle de Nancy.

([2]) Godron, *Observations sur les races du Datura Stramonium*, dans les *Mémoires de l'Académie de Stanislas* pour 1864,
p. 207.

quatre générations. D'autres se maintiennent pendant les six dernières. Enfin, toute la descendance des formes B et D s'est montrée fixe pendant sept générations successives.

Relativement à la taille des métis et à la fécondité ou à la stérilité des bifurcations inférieures, nous constatons les mêmes faits que dans l'expérience précédente.

3ᵉ EXPÉRIENCE. — *Datura Tatula capsulis spinosis* fécondé par le pollen du *Datura Tatula capsulis inermibus.*

Première génération (semis de 1864). — Tous les pieds, au nombre de 10, ont produit uniformément le type maternel, le *Datura Tatula capsulis spinosis.*

Seconde génération (semis de 1864). — Elle a produit :

A. . . . . . 16 pieds de *D. Tatula capsulis inermibus.*
B. . . . . . 5 — *D. Tatula capsulis spinosis.*
C. . . . . . 3 — *D. Bertolonii.*

Troisième génération (semis de 1866). — Elle a donné :

A*a'*. . . . . 6 pieds de *D. Bertolonii.*
A*a''*. . . . 2 — *D. Stramonium.*
B*b'*. . . . . 5 — *D. Tatula capsulis spinosis.*
B*b''*. . . . 8 — *D. Tatula capsulis inermibus.*
B*b'''*. . . . 5 — *D. Stramonium.*
C*c*. . . . . 8 — *D. Bertolonii.*

Quatrième génération (semis de 1867). — Elle a
produit :

Aa'a . . . .   2 pieds de   *D. Bertolonii.*
Aa''a. . . .   9   —   *D.*   id.
Bb'b   5   —   *D. Tatula capsulis spinosis.*
Bb''b   4   —   *D. Tatula capsulis inermibus.*
Bb'''b. . . . 12   —   *D. Stramonium.*
Ccc'   5   —   *D. Bertolonii.*
Ccc''   7   —   *D. Tatula capsulis inermibus.*

Cinquième génération (semis de 1868). — Elle a
fourni :

Aa'aa . . .   6 pieds de   *D. Bertolonii.*
Aa''aa . . .   9   —   *D.*   id.
Bb'bb. . . .   3   —   *D. Tatula capsulis spinosis.*
Bb''bb . . . 13   —   *D. Tatula capsulis inermibus.*
Bb'''bb . . .   5   —   *D. Stramonium.*
Ccc'c. . . .   6   —   *D. Bertolonii.*
Ccc''c. . . .   8   —   *D. Tatula capsulis inermibus.*

Sixième génération (semis de 1869). — Elle a
donné :

Aa'aaa. . 10 pieds de   *D. Bertolonii.*
Aa''aaa. . .   5   —   *D.*   id.
Bb'bbb . . 11   —   *D. Tatula capsulis spinosis.*
Bb''bbb. . .   6   —   *D. Tatula capsulis inermibus.*
Bb'''bbb. . . 15   —   *D. Stramonium.*
Ccc'cc . . .   3   —   *D. Bertolonii.*
Ccc''cc . . .   8   —   *D. Tatula capsulis inermibus.*

Septième génération (semis de 1870) :

Aa'aaaa . . 16 pieds de   *D. Bertolonii.*
Aa''aaaa. . 11   —   *D.*   id.
Bb'bbbb. . .   9   —   *D. Tatula capsulis spinosis.*
Bb''bbbb . . 21   —   *D. Tatula capsulis inermibus.*
Bb'''bbbb. . .   6   —   *D. Stramonium.*

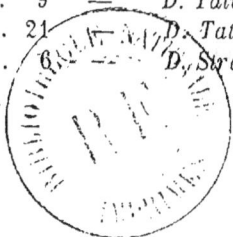

GODRON.   2

Ccc′ccc. . . 13 pieds de D. Bertolonii.
Ccc″ccc. . . 10   —   D. Tatula capsulis inermibus.

Huitième génération (semis de 1871) :

Aa′aaaaa. . 13 pieds de D. Bertolonii.
Aa″aaaaa . 8   —   D.   id.
Bb′bbbbb. . 17   —   D. Tatula capsulis spinosis.
Bb″bbbbb. . 7   —   D. Tatula capsulis inermibus.
Bb‴bbbbb . 16   —   D. Stramonium.
Ccc′cccc. . . 6   —   D. Bertolonii.
Ccc″cccc.. . 10   —   D. Tatula capsulis inermibus.

Dans cette troisième expérience, c'est le type maternel qui s'est montré exclusivement à la première génération. Du reste, tous les autres faits constatés viennent confirmer ceux des deux expériences précédentes et donner une nouvelle force aux conclusions que nous en avons déduites. Cette troisième expérience nous offre, en outre, un fait nouveau et digne d'attention, c'est l'apparition de plantes d'un vert pâle, à corolle et à anthères blanches, provenant de parents présentant d'autres colorations. J'y reviendrai plus loin.

Considérations générales sur les trois expériences de cette première série. — J'ai fait, en 1863, et chaque fois sur deux fleurs, sept croisements entre les *Datura Stramonium, Bertolonii, Tatula capsulis spinosis* et *Tatula capsulis inermibus*. La fécondation artificielle n'a pas réussi sur une fleur qui est restée stérile ; mais, dans treize fleurs, le succès a été complet. Ces croisements sont les suivants :

1. *D. Bertolonii.* . . . . fécondé par le *D. Tatula caps. spin.*

2. *D. Tatula cap. spin.* fécondé par le *D. Bertolonii.*
3. *D.*   id.   —   *D. Tatula cap. inerm.*
4. *D. Tatula cap. iner.*   —   *D. Tatula caps. spin.*
5. *D. Bertolonii.* . . . .   —   *D. Tatula cap. inerm.*
6. *D. Stramonium* . . .   —   *D.*   id.
7. *D.*   id.   —   *D. Tatula caps. spin.*

J'ai constaté à la première génération : 1° que les produits obtenus sont tous revenus onze fois au type mâle et deux fois seulement tous au type femelle; 2° que toutes les graines semées et provenant d'une même capsule, m'ont invariablement donné la même forme, exclusivement le type mâle, ou exclusivement le type femelle, et jamais de forme intermédiaire, ni à la première génération, ni dans les générations suivantes.

On pourrait m'objecter que M. Naudin ([1]), qui a fécondé le *Datura Stramonium* par le pollen du *Datura Tatula* et a fait aussi le croisement inverse, a obtenu des résultats qui diffèrent très-notablement de ceux que j'ai signalés. Je ferai remarquer tout d'abord que les métis résultant de la fécondation des quatre races du *Datura Tatula* les unes par les autres, ont toujours reproduit l'un des parents à la première génération dans les treize croisements que j'ai opérés entre elles avec succès, et que ceux dont j'ai suivi la descendance pendant huit générations successives, ne m'ont jamais donné, comme dans l'expérience de M. Naudin, des formes

([1]) Naudin, *Nouvelles archives du Muséum*, t. I, p. 42.

intermédiaires aux parents; que, dès lors, les caractères qui distinguent ces métis des véritables
hybrides, constituent un fait général parfaitement
établi par mes expériences. D'une autre part, il est
absolument impossible d'admettre qu'un observa-
teur aussi éminent que M. Naudin ait pu voir ce
qui n'existait pas. Mais je me demande si l'un des
parents, qui est intervenu dans le croisement opéré
par lui, était réellement le *Datura Tatula*, forme
souvent confondue, dans les jardins botaniques, avec
une plante qui lui ressemble quelque peu, mais qui
en est spécifiquement distincte; je veux parler du
Datura præcox, dont je donne la description détail-
lée dans l'appendice de ce travail, et que j'ai reçu
de différents jardins sous le faux nom de *Datura Tatula*, de *Datura quercifolia*, et plusieurs fois du jardin de Berlin sous celui de *Datura muricata*, dénomination que je crois inexacte (¹). Je suis d'autant
plus porté à admettre comme probable que, dans
l'expérience de M. Naudin, cette confusion d'espèces
s'est réellement produite, que ce savant botaniste
dit, dans la courte description qu'il donne de la
plante employée par lui : « Tige de même taille
que dans le *Datura Stramonium* », ce qui est vrai
pour le *Datura præcox*, mais non pour le *Datura*

(¹) J'ai discuté cette question et exposé les raisons qui m'ont
conduit à considérer cette plante comme nouvelle, dans une
note qu'on trouvera plus loin, à la suite de la description du
Datura præcox.

Tatula; celui-ci est plus grand et plus robuste ([1]), et c'est même l'une des raisons qui me font considérer cette forme comme devant être le type de l'espèce à laquelle elle appartient. D'une autre part, M. Naudin attribue à sa plante des « tiges et rameaux d'un pourpre obscur », et n'ajoute pas que ces organes sont, en outre, parsemés d'une ponctuation blanche très-apparente, déjà signalée par Linné ([2]) comme un des caractères du *Datura Tatula*, et qui n'existe pas dans le *Datura præcox*.

Enfin, Koelreuter ([3]) a fait précisément, comme M. Naudin, la double fécondation du *Datura Stramonium* par le pollen du *Datura Tatula*, et du *Datura Tatula* par le pollen du *Datura Stramonium*. Or, il affirme que les produits de première génération, résultant de ces deux opérations, ont été parfaitement semblables entre eux et très-féconds; que les fleurs étaient d'un blanc violet; que le tube de la corolle montrait (intérieurement) cinq lignes violettes, caractère que ne signale pas M. Naudin et qui n'existe pas dans le *Datura præcox*, mais qui est propre au *Datura Tatula*. C'est donc bien ce dernier que Koelreuter a employé et qui s'est reproduit dans son expérience. Il ajoute qu'il ne

([1]) Linné (*Species plantarum*, éd. 3, p. 256) dit déjà du *Datura Tatula* : *similis D. Stramonio, sed duplo major.*

([2]) *Linnœi Species plantarum*, ed. 3, in-12, p. 250.

([3]) Koelreuter, *Zweyte Fortsetzung*, etc., Leipzig, 1764, in-12, p. 125.

s'est montré aucune trace de la pomme épineuse verte avec fleurs entièrement blanches. J'en ai conclu que tous les produits appartenaient au *Datura Tatula*, comme je l'ai constaté dans l'expérience qui m'est propre. Il admet, comme conclusion de ces faits, que les *Datura Stramonium* et *Tatula* sont deux variétés d'une même espèce et non deux espèces différentes. Je suis donc, sur tous les points, d'accord avec Koelreuter (¹).

Je n'ai continué, faute d'un terrain suffisamment étendu, à suivre jusqu'en 1871, c'est-à-dire pen-

(¹) J'ai prévenu de ces faits M. Naudin et je lui ai envoyé des graines des *Datura Tatula*, *Stramonium* et *præcox* que j'ai employés dans mes expériences, et il les a semées cette année. En 1872, j'ai fécondé deux fleurs de *Datura Tatula* par le pollen du *Datura Stramonium* et deux fleurs de *Datura Stramonium* par le pollen du *Datura Tatula*, pour vérifier le résultat de mes expériences de 1863. J'ai obtenu de ces opérations exclusivement du *Datura Tatula* au nombre de 53 pieds, que j'ai actuellement (28 juillet 1873) sous mes yeux. Ils sont généralement d'une taille un peu plus élevée que dans le type non croisé, mais pas autant que dans mes premières expériences de 1863, ce que j'attribue à ce que, dans la seconde partie du mois de mai et dans la première partie du mois de juin, le temps a été pluvieux et un peu froid en Lorraine. Cependant la plupart des échantillons étaient dépourvus de capsule à leur première et quelques-uns à leurs secondes bifurcations. Mais un petit groupe, exposé un peu à l'ombre, et de taille moins élevée que ne l'est ordinairement le *Datura Tatula*, a montré des capsules à toutes les bifurcations, du reste très-peu nombreuses. J'indiquerai plus loin les causes qui me semblent produire l'avortement des ovaires ou leur absence aux bifurcations inférieures.

dant huit générations, que trois de ces expériences, celles dont j'ai indiqué plus haut toute la descendance.

La taille des produits de première génération a été généralement plus élevée que celle des parents; toutefois les pieds les plus grands n'ont pas dépassé de beaucoup $1^m,20$. Les boutons des fleurs de la première bifurcation, quelquefois de la seconde et très-rarement de la troisième, ont fait défaut, ou bien n'ont pas noué leur ovaire et sont tombés. Mais dans les échantillons moins élevés et dont la taille a peut-être été diminuée par leur rapprochement, la première bifurcation a pu fournir une capsule fertile.

Le métissage dans les *Datura*, et nous verrons qu'il en est de même de l'hybridité, augmente donc la taille des produits, et détermine le plus souvent la stérilité des bifurcations inférieures. Mais ce dernier phénomène paraît être intimement lié à la taille et lui est généralement proportionnel, même lorsqu'il n'y a pas eu de croisement. En voici la preuve : deux pieds de *Datura Stramonium*, que j'ai observés à l'automne 1872, près de Tomblaine, dans un champ sur le bord d'un dépôt considérable de fumier, dépassaient $1^m,25$, et leurs trois ou quatre bifurcations inférieures étaient dépourvues de capsule.

Dans la seconde génération, la taille s'est assez bien soutenue ; mais dès la troisième elle a diminué, puis, à la suivante, elle est revenue à celle des parents, et la fertilité a été complète à toutes les bifurcations.

Mais, ce qu'il y a surtout de remarquable dans ces expériences, c'est l'apparition de formes distinctes et bien caractérisées qui n'ont pas figuré dans le croisement. Ma troisième expérience présente un fait qui ajoute à l'étonnement. Dans le croisement des *Datura Tatula capsulis inermibus* et *Datura Tatula capsulis spinosis*, tous deux à tige et à nervures des feuilles brunes, à corolle et à anthères violettes, non-seulement ces deux formes se sont reproduites à la seconde génération, mais ont fourni, en outre, plusieurs pieds de *Datura Bertolonii*, à tige et à feuilles d'un vert pâle, à corolle et à anthères blanches. A la troisième génération, une autre forme pâle, le *Datura Stramonium*, se montre à son tour, et toutes les deux se maintiennent dans les générations suivantes.

Ce résultat curieux m'a conduit à rechercher ce qui adviendrait du croisement de deux formes pâles l'une par l'autre, et si, de cette union, naîtraient des formes colorées. En 1865, en dehors de mes expériences déjà décrites, j'ai dans ce but fécondé le *Datura Stramonium* par le pollen du *Datura Bertolonii*, et j'ai obtenu exclusivement des pieds de cette dernière forme à la première génération. Mais, à la seconde, il s'est produit 10 pieds de *Datura Stramonium*, 3 pieds de *Datura Bertolonii* et 4 pieds de *Datura Tatula capsulis inermibus*. On se demande d'où vient la coloration brune et finement ponctuée de blanc des tiges de cette dernière forme et la couleur violette de ses corolles et de ses anthères ?

Ces deux faits indiquent, tout au moins, un lien très-étroit de parenté entre les quatre formes de *Datura* dont il a été jusqu'ici question. On n'a constaté, dans aucun genre naturel, que deux espèces légitimes, fécondées l'une par l'autre, aient jamais produit dans leur postérité une troisième et, qui plus est, une quatrième espèce déjà connues et qui n'étaient, ni l'une ni l'autre, intervenues dans le croisement.

D'une autre part, l'origine de l'une de ces formes de *Datura* nous est connue, je veux parler du *Datura Tatula capsulis inermibus*. Il s'est produit, pour ainsi dire sous mes yeux, en 1860, dans un semis de *Datura Tatula capsulis spinosis*, et il s'est maintenu intégralement jusqu'aujourd'hui dans les jardins botaniques de Bordeaux et de Nancy (¹). Son origine a été spontanée; il n'a pu, à cet égard, y avoir d'erreur. Je n'avais pas encore opéré de fécondation artificielle entre espèces ou races du genre *Datura* et le *Datura Tatula capsulis spinosis*, qui lui a donné naissance, provenait de graines recueil-

(¹) Il faut consulter pour les détails mes *Observations sur les races du Datura Stramonium* dans les *Mémoires de l'Académie de Stanislas* pour 1864, p. 210.

lies par moi sur cette espèce conservée depuis
plusieurs années au jardin de Nancy. Cette forme
nouvelle constitue donc une véritable race, procédant d'une monstruosité devenue héréditaire. Mais,
comme nous le constatons dans les trois expériences
de croisements dont nous rendons compte, elle s'est
produite aussi dans chacune d'elles, à la suite d'hybridation artificielle, et s'est aussi conservée dans
les générations suivantes.

Ces faits démontrent, ce me semble, que les
*Datura Stramonium, Bertolonii, Tatula capsulis spi-
nosis, Tatula capsulis inermibus,* sont des races bien
fixées d'un même type spécifique ; l'époque de la
floraison, qui est la même pour toutes, vient encore
à l'appui de cette opinion. Parmi ces quatre races,
deux ont la tige d'un brun-violet et finement ponctuée de blanc, et leurs corolles sont violettes ; les
deux autres ont les tiges vertes et les corolles blanches. Deux aussi ont les capsules épineuses et les
deux autres les ont lisses. Il y a donc ici, dans ces
races, un double exemple de parallélisme dans les
caractères qui les distinguent ([1]). Nous en trouve-
rons encore d'analogues dans les expériences de la

([1]) Dans notre Flore de France (t. III, p. 558-593), j'ai
signalé les *Serrafalus (Bromus) secalinus, commutatus, hordea-
ceus, mollis, patulus, squarrosus, macrostachys,* comme présentant
des variétés parallèles à épillets glabres et à épillets velus.
Dans les *Nardurus tenellus* et *Lachenalii (Ibid.* t. III, p. 616),
nous avons aussi indiqué l'existence de variétés, dont plusieurs
auteurs ont fait des espèces, et dont les unes ont les fleurs

seconde série, dont nous indiquerons plus loin les résultats. Mais quel est, parmi ces quatre formes, le type primitif ? Je croirais volontiers que le *Datura Tatula* ordinaire doit être considéré comme tel : il est plus vigoureux et de taille plus élevée que les *Datura Stramonium* et *Bertolonii* qui semblent atteints d'une sorte de chlorose héréditaire ; de plus, il est parfaitement démontré par l'observation que, dans les plantes dont la couleur des corolles varie, ce sont généralement les individus à fleurs colorées qui sont les types, et les individus à fleurs blanches qui constituent les variétés et les races ; j'ajouterai enfin que, dans mes expériences, le *Datura Tatula capsulis spinosis* s'est reproduit bien plus fréquemment que les trois autres races.

Les hybrides de races ou *métis*, du moins dans le genre *Datura*, ne se comportent pas comme les hybrides d'espèces légitimes. Chez ces métis, tous les pieds de la première génération présentent unifor-

aristées et les autres les ont mutiques. M. Duval-Jouve a fixé d'une manière plus spéciale encore l'attention sur des variations parallèles nombreuses et établies sur des caractères fournis par des organes différents, dans les genres *Aira, Agrostis, Festuca* et *Bromus, Juncus* et *Luzula, Cyperus, Scirpus* et *Helcocharis* (*Bull. Soc. bot. de France*, t. XII, p. 196-211). Mais on ne s'est pas assuré si ces modifications, parallèles dans les espèces d'un même genre, sont héréditaires et caractérisent des races. Nous avons résolu cette question en ce qui concerne le double parallélisme des quatre races de *Datura*, objets de nos expériences.

mément les caractères du type paternel ou plus
rarement du type maternel, et, dans les générations
suivantes, on voit s'y mêler les deux types qui ne
sont pas intervenus dans le croisement. Les hybrides d'espèces de *Datura*, comme nous le verrons,
donnent aussi des pieds tous identiques à la première génération, comme c'est la règle parmi tous
les hybrides, mais ces productions adultérines
offrent, dans chaque expérience, un mélange des
caractères, des types paternel et maternel, et leur
postérité ne donne jamais naissance qu'à des formes
intermédiaires, ou à des retours complets aux types
des ascendants primitifs.

Dans le genre *Datura*, l'hybridation permet donc
de distinguer ce qui est une race de ce qui est une
espèce, ce qui constitue un métis de ce qui forme
un véritable hybride.

Enfin, si les *Datura Stramonium* et *Tatula* sont
des races d'une même espèce, ils ne peuvent pas
être, comme on l'a dit, originaires, le premier de
l'ancien monde et le second du nouveau continent,
à moins qu'il ne soit démontré qu'il y a eu, à l'origine de la période géologique actuelle, une commu-
nication directe entre les deux continents, ce qui
n'est pas impossible (¹).

(¹) Sur ce point on peut consulter : Bory de Saint-Vincent,
Essai sur les Iles Fortunées et l'antique Atlantide. Paris, an XI,
in-4°, chap. 6 et 7 ; Godron, *L'Atlantide et le Sahara*, dans les
Mémoires de l'Académie de Stanislas pour 1867, p. 161-194 ;

DEUXIÈME SÉRIE.

Hybrides entre espèces distinctes de DATURA.

1re EXPÉRIENCE. — *Datura lævis L. fil. (non Bert.)* fécondé par le pollen du *Datura præcox Nob. (D. quercifolia Godr. olim, non Humb. et Bonpl.)* (¹).

Première génération (semis de 1865). — Tous les pieds, au nombre de 6, ont présenté, dans le cours de leur végétation, des caractères identiques. La tige est très-fistuleuse, comme dans le type maternel; elle est lavée de brun, comme dans le type paternel. Les feuilles, par leur forme, rappellent celles du *D. præcox*, mais elles sont un peu plus grandes; elles ont leur pétiole et leurs nervures lavés de brun, et leur limbe offre, tant qu'elles sont jeunes, à leur base et à leur face supérieure, une tache d'un vert noirâtre. La floraison est aussi tardive que dans le *D. lævis;* la corolle est assez grande, légèrement lavée de violet, ainsi que les anthères; les capsules sont épineuses.

P. Gaffarel, *Études sur les rapports de l'Amérique et de l'ancien continent avant Christophe Colomb;* Paris, 1869, in-8°.

(¹) Voir l'Appendice de ce Mémoire, où je donne la description du *Datura præcox*, en indiquant les caractères qui séparent cette espèce du *D. quercifolia* vrai, et du *D. Tatula*, avec lesquels il a été confondu.

Seconde génération (semis de 1866). — Elle a donné :

A . . . . 32 pieds de *D. præcox capsulis spinosis* = *ty- pus!* (¹) (limbe des feuilles noir à la base; tige pleine; floraison précoce).

B · . . . 10 pieds de *D. præcox capsulis spinosis* (limbe des feuilles jaune verdâtre à la base comme dans le *D. lævis;* tige pleine; floraison pré- coce).

C. . . . 3 pieds de *D. præcox capsulis inermibus* (limbe des feuilles noir à la base; tige un peu fistu- leuse; floraison précoce).

D . . . . 2 pieds de *D. lævis capsulis spinosis* (limbe des feuilles vert jaunâtre à la base; tige fistuleuse; floraison tardive).

E. . . . 7 pieds de *D. lævis capsulis inermibus* = *ty- pus!* (limbe des feuilles vert jaunâtre à la base; tige très-fistuleuse; floraison tardive).

Troisième génération (semis de 1867). — Elle a produit :

Aa. . . . 13 pieds de *D. præcox capsulis spinosis* = *ty- pus!* (limbe des feuilles noir à la base; tige pleine; floraison précoce).

B*b'*. . . . 43 pieds de *D. præcox capsulis spinosis* (limbe des feuilles jaune verdâtre à la base; tige pleine; floraison précoce).

_____

(¹) Je comprends, sous le nom du type paternel ou du type maternel : 1° le retour complet à l'un de ces deux types; 2° les pieds qui se rapprochent beaucoup plus de l'un que de l'autre et peuvent y être rattachés comme variété Lorsque les carac- tères des hybrides sont intermédiaires à ceux des parents, je me contente d'indiquer ces caractères mixtes; nous en verrons des exemples dans les 4ᵉ et 5ᵉ expériences.

Bb''. . . . 4 pieds *D. præcox capsulis inermibus* (limbe des feuilles d'un vert jaunâtre à la base; tige pleine; floraison précoce).

Cc'. . . . 15 pieds de *D. præcox capsulis inermibus* (limbe des feuilles noir à la base; tige fistuleuse; floraison précoce).

Cc''. . . . 3 pieds de *D. lævis capsulis inermibus* = *typus !* (limbe des feuilles d'un vert jaunâtre à la base; fistuleuse; floraison tardive).

Dd'. . . . 2 pieds de *D. lævis capsulis spinosis* (limbe des feuilles d'un vert jaunâtre à la base; tige très- tige fistuleuse; floraison tardive).

Dd'' . . . 3 pieds de *D. lævis capsulis inermibus* = *ty- pus!* (limbe des feuilles d'un vert jaunâtre à la base; tige fistuleuse; floraison tardive).

Ee . . . . 6 pieds de *D. lævis capsulis inermibus* = *ty- pus!* (limbe des feuilles d'un vert jaunâtre à la base; tige fistuleuse; floraison tardive).

Quatrième génération (semis de 1868). — Il en est résulté :

Aaa'. . . 10 pieds de *D. præcox capsulis spinosis* = *ty- pus!* (limbe des feuilles noir à la base; tige pleine, *brune-violette au-dessous des cotylé- dons* ([1]), floraison précoce).

Aaa''. . . 8 pieds de *D. lævis capsulis spinosis* (limbe des feuilles vert jaunâtre à la base; tige pleine, verte au-dessous des cotylédons; floraison tar- dive).

B$b'b$ . . . 8 pieds de *D. præcox capsulis spinosis* (limbe des feuilles d'un vert jaunâtre à la base ; tige

([1]) C'est en 1868 que, pour la première fois, j'ai fait atten- tion à ce caractère qui appartient au type paternel et qui chez lui est constant; cette même coloration brune-violette n'est pas moins constante à la face inférieure des cotylédons.

pleine, brune-violette au-dessous des cotylédons; floraison précoce).

B*b''b*. . . 14 pieds de *D. præcox capsulis inermibus* (limbe
des feuilles d'un vert jaunâtre à la base; tige
pleine, brune-violette au-dessous des cotylédons; floraison précoce).

C*c'c* . . . 2 pieds de *D. præcox capsulis inermibus* (limbe
des feuilles noir à la base; tige pleine, brune-
violette au-dessous des cotylédons; floraison
précoce).

C*c''c*. . . 30 pieds de *D. lævis capsulis inermibus = typus!*
(limbe des feuilles d'un vert jaunâtre à la
base; tige très-fistuleuse, verte au-dessous
des cotylédons; floraison tardive).

D*d'd*. . . 23 pieds de *D. lævis capsulis spinosis* (limbe
des feuilles d'un vert jaunâtre à la base; tige
très-fistuleuse, verte au-dessous des cotylédons; floraison tardive).

D*d''d* . . 20 pieds de *D. lævis capsulis inermibus = typus!*
(limbe des feuilles d'un vert jaunâtre à la
base; tige fistuleuse, verte au-dessous des
cotylédons; floraison tardive).

E*ee*. . . . 24 pieds de *D. lævis capsulis inermibus = typus!*
(limbe des feuilles d'un vert jaunâtre à la
base; tige fistuleuse, verte au-dessous des
cotylédons; floraison tardive).

Cinquième génération (semis de 1869). — Les
résultats sont les suivants :

A*aa'a* . . 20 pieds de *D. præcox capsulis spinosis = typus!*
(limbe des feuilles noir à la base; tige pleine,
brune-violette au-dessous des cotylédons;
floraison précoce.)

A*aa''a*. . 34 pieds de *D. lævis capsulis spinosis* (limbe
des feuilles vert jaunâtre à la base; tige pleine,
verte au-dessous des cotylédons; floraison
précoce).

Bb'bb. . . 3 pieds de *D. præcox capsulis spinosis* (limbe des feuilles d'un vert jaunâtre à la base; tige pleine, brune-violette sous les cotylédons; floraison précoce).

Bb''bb . . 18 pieds de *D. præcox capsulis inermibus* (limbe des feuilles d'un vert jaunâtre à la base; tige pleine, brune-violette sous les cotylédons; floraison précoce).

Cc'cc. . . 25 pieds de *D. præcox capsulis inermibus* (limbe des feuilles noir à la base; tige pleine; brune-violette sous les cotylédons; floraison précoce).

Cc''cc. . . 11 pieds de *D. lævis capsulis inermibus = typus!* (limbe des feuilles d'un vert jaunâtre à la base; tige fistuleuse, verte au-dessous des cotylédons; floraison tardive).

Dd'dd . . 33 pieds de *D. lævis capsulis spinosis* (limbe des feuilles vert jaunâtre à la base; tige fistuleuse, verte sous les cotylédons; floraison un peu tardive).

Dd''dd. . 19 pieds de *D. lævis capsulis inermibus = typus!* (limbe des feuilles vert jaunâtre à la base; tige fistuleuse, verte au-dessous des cotylédons; floraison tardive).

Eeee . . . 0 pied. Ce semis a péri.

Sixième génération (semis de 1870). — Elle a produit :

Aaa'aa. . 15 pieds de *D. præcox capsulis spinosis = typus!* (limbe des feuilles noir à la base; tige pleine, brune-violette au-dessous des cotylédons; floraison précoce).

Aaa''aa. . 25 pieds de *D. lævis capsulis spinosis* (limbe des feuilles vert jaunâtre à la base; tige pleine, verte au-dessous des cotylédons; floraison tardive).

B*b'bbb* . . 12 pieds de *D. præcox capsulis spinosis* (limbe des feuilles d'un vert jaunâtre à la base; tige pleine, brune-violette au-dessous des cotylédons; floraison précoce).

B*b''bbb*. . 24 pieds de *D. præcox capsulis inermibus* (limbe des feuilles vert jaunâtre à la base; tige pleine, brune-violette au-dessous des cotylédons; floraison précoce).

C*c'ccc* . . 17 pieds de *D. præcox capsulis inermibus* (limbe des feuilles noir à la base; tige pleine, brune-violette au-dessous des cotylédons; floraison précoce).

C*c''ccc* . . 55 pieds de *D. lævis capsulis inermibus* = *typus!* (limbe des feuilles d'un vert jaunâtre à la base; tige fistuleuse, verte au-dessous des cotylédons; floraison tardive).

D*d'ddd*. . 52 pieds de *D. lævis capsulis spinosis* (limbe des feuilles d'un vert jaunâtre à la base ; tige fistuleuse, verte au-dessous des cotylédons ; floraison un peu tardive).

D*d''ddd* . 41 pieds de *D. lævis capsulis inermibus* = *typus!* (limbe des feuilles d'un vert jaunâtre à la base ; tige fistuleuse, verte au-dessous des cotylédons; floraison tardive).

Septième génération (semis de 1871). — Elle a donné :

A*aa'aaa* . 16 pieds de *D. præcox capsulis spinosis* = *typus!* (limbe des feuilles noir à la base; tige pleine, brune-violette au-dessous des cotylédons; floraison précoce).

A*aa''aaa*. 6 pieds de *D. lævis capsulis spinosis* (limbe des feuilles vert jaunâtre à la base; tige pleine, verte au-dessous des cotylédons; floraison tardive).

B*b'bbbb* . 7 pieds de *D. præcox capsulis spinosis* (limbe

des feuilles d'un vert jaunâtre à la base; tige
pleine, brune-violette au-dessous des cotylédons; floraison précoce).

B*b″bbbb*. 25 pieds de *D. præcox capsulis inermibus* (limbe
des feuilles d'un vert jaunâtre à la base; tige
pleine, brune-violette au-dessous des cotylédons; floraison précoce).

C*c′cccc*. . 18 pieds de *D. præcox capsulis inermibus* (limbe
des feuilles noir à la base; tige pleine,
brune-violette au-dessous des cotylédons;
floraison précoce).

C*c″cccc*. . 20 pieds de *D. lævis capsulis inermibus* = *typus!*
(limbe des feuilles d'un vert jaunâtre à la
base; tige fistuleuse, verte au-dessous des
cotylédons; floraison tardive).

D*d′dddd*. 31 pieds de *D. lævis capsulis spinosis* (limbe des
feuilles d'un vert jaunâtre à la base; tige fistuleuse, verte au-dessous des cotylédons; floraison tardive).

D*d″dddd*. 10 pieds de *D. lævis capsulis inermibus* = *typus!*
(limbe des feuilles d'un vert jaunâtre à la
base; tige fistuleuse, verte au-dessous des
cotylédons; floraison tardive).

Cette expérience est extrêmement curieuse par
ses résultats.

A la première génération, tous les pieds sont
semblables et présentent, en outre, un mélange
identique des caractères des deux parents; ceux du
type paternel sont, toutefois, plus saillants.

A la seconde génération, au contraire, nos hybrides sont très-dissemblables entre eux. L'une des
formes, représentée par 32 pieds, est un retour
complet au type paternel, le *Datura præcox.* Une

seconde forme, qui compte 10 pieds, est aussi du
Datura præcox, mais il a perdu la tache noire de la
base du limbe de ses feuilles qui est devenue d'un
vert jaunâtre, coloration qui s'est conservée dans
toute sa descendance. Sept autres pieds sont revenus au *Datura lævis* franc. Deux pieds enfin sont
aussi du *Datura lævis,* mais les capsules, au lieu
d'être parfaitement lisses, sont devenues épineuses,
comme dans le *Datura præcox;* mais ce serait là le
seul caractère qu'elle conserverait de son origine
paternelle. D'une autre part, cette forme semble
être au *Datura lævis* ce que le *Datura Stramonium*
est au *Datura Bertolonii.* Or, ce dernier n'étant
qu'une race, on peut se demander si la forme à
capsules épineuses du *Datura lævis* ne serait pas
son type primitif reproduit par croisement dans
cette expérience, tandis que la forme ordinaire à
fruits lisses n'en serait qu'une race. C'est en Abys-
sinie, d'où cette dernière nous est venue, qu'il
faudrait rechercher le type à fruits épineux, si
toutefois la supposition que nous hasardons mérite
de fixer l'attention. Cette forme s'est montrée de
nouveau à la quatrième génération et a fait souche
dans les deux cas.

A la troisième génération, de nouveaux retours
aux parents se manifestent.

A la quatrième génération, chacune des formes,
moins une, descend directement et sans modifications de plantes semblables de la troisième et

même de la seconde génération. Parmi elles sont
des retours aux types primitifs ; les autres restent
intermédiaires, tendent à se fixer et à constituer
des races, telles que le *Datura lævis capsulis spinosis*
et le *Datura præcox capsulis inermibus*. Celui-ci présente même deux variétés, l'une à limbe des feuilles
maculé de noir à la base, comme dans le type paternel, l'autre d'un vert jaunâtre à la base du même
organe, comme dans la souche maternelle, et ces
variétés se maintiennent parfaitement fixes dans la
cinquième, la sixième et la septième génération,
pendant lesquelles il n'y a plus eu de modifications
de formes.

La taille des hybrides de première génération a
dépassé celle des parents, quelquefois de beaucoup,
mais toujours d'une manière notable. Le plus grand
pied mesurait 1^m,85, et ses branches principales se
sont largement étalées et ont fourni de nombreuses
bifurcations dont les rameaux se sont montrés d'autant plus inégaux qu'ils étaient placés plus haut.

La proportion des fleurs qui ont manqué aux bifurcations inférieures ou qui n'ont pas noué leur
fruit, a été considérable. Le grand pied dont j'ai
parlé, sur 122 bifurcations, n'a produit que 19 capsules, les inférieures disséminées irrégulièrement
aux bifurcations moyennes, puis les autres rapprochées vers le sommet des rameaux. Un autre pied
n'a noué aucune de ses fleurs, et ce pied mesurait
plus d'un mètre ; c'est le seul exemple de ce genre

que j'aie observé. Les quatre derniers pieds n'ont
fourni de capsules qu'aux bifurcations supérieures.

A la seconde génération, la taille s'abaisse sensiblement; aucun pied n'a dépassé 1 mètre. Les bifurcations sont moins nombreuses; les inférieures,
dépourvues de capsule, sont au nombre de 2 ou 3
sur les pieds les plus élevés; mais souvent, sur les
petits pieds restés tels parce qu'ils ont été rappro-
chés les uns des autres, la première bifurcation
présente une capsule. Sur 54 pieds conservés des
divers produits de la seconde génération, les bifurcations pourvues de capsule sont aux bifurcations
qui en manquent dans le rapport de 123 à 70. La
fécondité s'est donc accrue à mesure que la taille a
diminué.

A la troisième génération et aux générations
suivantes, la moyenne de la taille ne dépasse pas
celle des premiers ancêtres; les bifurcations stériles
deviennent rares ou disparaissent, si ce n'est cependant aux formes qui se rapportent au *Datura lævis;*
mais ce type, bien que constituant une espèce légitime, montre toujours ses premières bifurcations
stériles; c'est même là un de ses caractères dis-
tinctifs.

2ᵉ EXPÉRIENCE. — *Datura Tatula capsulis spinosis*
fécondé par le pollen du *Datura lævis L. fil. (non
Bert.*).

Première génération (semis de 1865). — Tous les

pieds, au nombre de 10, sont semblables. La tige est fistuleuse, mais un peu moins largement que dans le *Datura lœvis;* elle est lavée de brun ponctué de blanc, comme dans le type maternel. Les feuilles sont analogues à celles du *Datura Tatula;* le pétiole est teinté de brun, et cette coloration se montre jusqu'à la base des nervures principales; le limbe présente à la base de sa face supérieure une tache d'un vert jaunâtre, comme chez les ascendants. La floraison est très-tardive, comme dans le *Datura lœvis.* La corolle est presque blanche, mais pourvue intérieurement de trois lignes violettes, longitudinales rapprochées sous chacun des segments. Les anthères sont légèrement violettes. Les capsules sont ovoïdes, hérissées d'épines semblables à celles du *Datura Tatula.*

Seconde génération (semis de 1866). — Elle a donné :

A . . . . 5 pieds de *D. Stramonium?* ou *D. lœvis capsulis spinosis?* (tige médiocrement fistuleuse dans les grands individus; floraison tardive).

B . . . . 3 pieds de *D. Stramonium* = *typus!* (tige pleine; floraison précoce).

C. . . . . 7 pieds de *D. Tatula capsulis inermibus* (tige fistuleuse; floraison tardive).

D . . . . 4 pieds de *D. Tatula capsulis spinosis* (tige fistuleuse; floraison tardive).

E. . . . . 1 pied de *D. Bertolonii* = *typus!* (tige pleine; floraison précoce).

Troisième génération (semis de 1867). — Elle a produit :

Aa'. . . .   3 pieds de *D. lævis capsulis spinosis* (tige très-fistuleuse; floraison tardive).

Aa″ . . .   7 pieds de *D. lævis capsulis inermibus* = *typus!* (tige très-fistuleuse; floraison tardive; fertilité normale).

Bb. . . . 24 pieds de *D. Stramonium* = *typus!* (tige pleine; floraison précoce).

Cc'. . . . 30 pieds de *D. Tatula capsulis inermibus* (tige fistuleuse; floraison précoce; très-fertile).

Cc″. . . .   3 pieds de *D. lævis capsulis inermibus* = *typus!* (tige fistuleuse; floraison tardive).

Dd$_*$ . . . 35 pieds de *D. Tatula capsulis spinosis* (tige fistuleuse; floraison tardive).

Ee . . . .   6 pieds de *D. Bertolonii* = *typus!* (tige pleine; floraison précoce).

Quatrième génération (semis de 1868). — Il en est résulté :

Aa'a. . . 10 pieds de *D. lævis capsulis spinosis* (tige très-fistuleuse; floraison tardive).

Aa″a'$_*$.. 19 pieds de *D. lævis capsulis inermibus* = *typus!* (tige très-fistuleuse; floraison tardive).

Aa″a″ . .   6 pieds de *D. lævis capsulis inermibus* (tige fistuleuse; floraison tardive; longs pédoncules).

Bbb. . . . 45 pieds de *D. Stramonium* = *typus!* (tige pleine; floraison précoce).

Cc'c . . . 35 pieds de *D. Tatula capsulis inermibus* (tige pleine; floraison tardive).

Cc″c$_*$ . . 15 pieds de *D. lævis capsulis inermibus* = *typus!* (tige fistuleuse; floraison tardive).

D*dd* . . . 63 pieds de *D. Tatula capsulis spinosis* (tige pleine; floraison tardive).

E*ee*. . . . 10 pieds de *D. Bertolonii* = *typus!* (tige pleine; floraison précoce).

Cinquième génération (semis de 1869). — Elle a fourni les résultats suivants :

A*a′aa* . . 22 pieds de *D. lœvis capsulis spinosis* (tige très-fistuleuse; floraison tardive).

A*a″a′a*. . 26 pieds de *D. lœvis capsulis inermibus* = *typus!* (tige fistuleuse; floraison tardive).

A*a″a″a*. . 23 pieds de *D. lœvis capsulis inermibus* (tige fistuleuse; floraison tardive; longs pédoncules).

B*bbb*. . . 10 pieds de *D. Stramonium* = *typus!* (tige pleine; floraison précoce).

C*c′cc*. . . 16 pieds de *D. Tatula capsulis inermibus* (tige pleine; floraison tardive).

C*c″cc*. . . 18 pieds de *D. lœvis capsulis inermibus* = *typus!* (tige fistuleuse; floraison tardive).

D*ddd* . . 28 pieds de *D. Tatula capsulis spinosis* (tige pleine; floraison tardive).

E*eee* . . . 6 pieds de *D. Bertolonii* = *typus!* (tige pleine; floraison précoce).

Sixième génération (semis de 1870). — Elle a donné :

A*a′aaa*. . 22 pieds de *D. lœvis capsulis spinosis* (tige très-fistuleuse; floraison tardive).

A*a″a′aa* . 54 pieds de *D. lœvis capsulis inermibus* = *typus!* (tige fistuleuse; floraison tardive).

A*a″a″aa*. 58 pieds de *D. lœvis capsulis inermibus* (tige fistuleuse; floraison tardive; longs pédoncules).

B*bbbb* . . 13 pieds de *D. Stramonium* = *typus!* (tige pleine; floraison précoce).

C*c'ccc* . . 25 pieds de *D. Tatula capsulis inermibus* (tige pleine; floraison tardive).

C*c''ccc* . . 42 pieds de *D. lœvis capsulis inermibus* = *typus!* (tige fistuleuse; floraison tardive).

D*dddd* . . 15 pieds de *D. Tatula capsulis spinosis* (tige pleine; floraison tardive).

E*eeee* . . . 9 pieds de *D. Bertolonii* = *typus!* (tige pleine; floraison précoce).

Septième génération (semis de 1871). — Elle a fourni :

A*a'aaaa* . 31 pieds de *D. lœvis capsulis spinosis* (tige très-fistuleuse; floraison tardive).

A*a''a'aaa*. 14 pieds de *D. lœvis capsulis inermibus* = *typus!* (tige fistuleuse; floraison tardive).

A*a''a''aaa* 22 pieds de *D. lœvis capsulis inermibus* (tige fistuleuse; floraison tardive; longs pédoncules).

B*bbbbb* . . 16 pieds de *D. Stramonium* = *typus!* (tige pleine; floraison précoce).

C*c'cccc*. . 25 pieds de *D. Tatula capsulis inermibus* (tige pleine; floraison tardive).

C*c''cccc*. . 8 pieds de *D. lœvis capsulis inermibus* = *typus!* (tige fistuleuse; floraison très-tardive).

D*ddddd* . 6 pieds de *D. Tatula capsulis spinosis* (tige pleine; floraison tardive).

E*eeee*. . 10 pieds de *D. Bertolonii* = *typus!* (tige pleine; floraison précoce).

Tous les pieds de la première génération sont semblables et offrent un mélange bien tranché des caractères des deux parents. Malgré l'uniformité des produits, j'ai observé sur plusieurs pieds, généralement pourvus de capsules fortement épineuses, çà et là une capsule isolée à épines grêles et courtes. Des graines de l'une d'elles ont été semées à part, en 1866, et la modification ne s'est pas maintenue ; elle n'était donc qu'accidentelle.

Je considère le *Datura lævis L. fil.* comme une véritable espèce distincte du *Datura Bertolonii Parl.* Non-seulement il se distingue de ce dernier par sa tige fistuleuse, sa floraison bien plus tardive, sa taille plus élevée, les branches de ses bifurcations plus inégales et moins étalées, enfin par ses bifurcations inférieures toujours stériles, mais ce n'est pas tout : ces deux plantes donnent des résultats différents lorsqu'on les croise avec le *Datura Tatula capsulis spinosis.* Lorsque c'est le *Datura lævis* qui intervient comme espèce fécondante, les produits hybrides de première génération, comme le constate notre présente expérience, sont, non-seulement uniformes, mais de plus sont par leurs caractères intermédiaires aux deux parents, et il en est de même lorsque le rôle des mêmes parents est interverti dans la fécondation, comme nous le verrons dans notre troisième expérience. Il en est tout autrement lorsque le *Datura Bertolonii* féconde le *Datura Tatula capsulis spinosis*, ou réciproquement : tous les pieds de la première génération reproduisent uniformément le type paternel. Ce double croisement a été opéré par moi, en 1863 ; il figure parmi les sept fécondations artificielles qui ont été l'objet de mes

premières expériences sur les *Datura*. Les résultats
de l'hybridation comparée permettent donc de
distinguer nettement, dès la première génération,
comme espèce, le *Datura lævis L. fil.* du *Datura
Bertolonii Parl.*

A la seconde génération, nous voyons d'abord
apparaître le *Datura Stramonium* franc et le *Datura
Bertolonii* bien caractérisé, qui ne sont pas intervenus dans le croisement. Cela ne doit pas trop étonner, puisque nous savons que ces deux formes sont
des races appartenant à la même espèce que le
Datura Tatula; mais ce fait prouve du moins que,
dans les croisements, les espèces atteintes antérieurement par la variation peuvent dégager, par voie
de retour, leurs différentes variétés devenues permanentes, plus facilement que les types spécifiques
jusque-là vierges de variations. Mais, à côté de ces
deux retours qui viennent représenter la souche
maternelle, les autres formes obtenues sont des intermédiaires entre les parents.

A la troisième génération, un double retour au
Datura lævis franc se produit, et l'on voit reparaître une forme déjà signalée dans l'expérience
précédente, le *Datura lævis capsulis spinosis* qui se
conserve encore à la sixième et à la septième génération avec sa floraison tardive et sa tige fistuleuse, caractères qui ne permettent pas de le con-
fondre avec le *Datura Stramonium*. Enfin, dans la
quatrième génération, une forme de *Datura lævis*

ordinaire a ses capsules trois fois plus longuement pédonculées que d'habitude, et cette modification se perpétue dans les générations suivantes.

Dans toutes mes expériences sur les *Datura,* j'ai semé, chaque année, pour chacune des formes, les graines recueillies dans une seule et même capsule. Mais j'ai voulu aussi, dans cette seconde expérience, m'assurer si les graines de deux capsules d'un même pied, semées séparément, fourniraient les mêmes produits. J'ai répété trois fois cet essai et trois fois j'ai obtenu des résultats identiques de chacune des paires de capsules. Les formes qui ont fourni ces capsules sont indiquées par un astérisque.

La taille des hybrides de première génération a dépassé celle des parents. Le pied le plus élevé mesurait 1^m,35 et présentait 49 bifurcations, dont la moitié seulement a produit des capsules remplies de bonnes graines. A la seconde génération, la taille se maintient ou à peu près ; les quatre cinquièmes des bifurcations sont fertiles. Dans les générations suivantes, la taille tend à devenir de plus en plus normale et la fertilité devient complète dans les retours aux diverses races du type maternel. Les retours au type paternel ont leurs bifurcations inférieures stériles, comme cela a toujours lieu dans cette espèce.

3ᵉ EXPÉRIENCE. — *Datura lævis L. fil. (non Bert.)*

fécondé par le pollen du *Datura Tatula capsulis spinosis*.

Première génération (semis de 1865). — Les parents sont les mêmes que dans l'expérience précédente, mais les rôles ont été intervertis. Tous les pieds, au nombre de 10, sont uniformes et intermédiaires aux parents. La tige est, sur tous les pieds, fistuleuse, colorée en brun violet peu foncé et ponctuée de blanc; la fleur est violette; les capsules sont hérissées d'épines. La floraison a lieu à la même époque que celle du *Datura Tatula*.

Seconde génération (semis de 1866). — Elle a donné :

A . . . . 11 pieds de *D. Tatula capsulis spinosis* (tige fistuleuse; floraison précoce).

B . . . . 4 pieds de *D. Tatula capsulis inermibus* (tige pleine; floraison tardive).

C . . . . 5 pieds de *D. lœvis capsulis inermibus = typus !* (tige fistuleuse; floraison tardive).

Troisième génération (semis de 1867). — Elle a produit :

Aa' . . . 30 pieds de *D. Tatula capsulis spinosis* (tige fistuleuse; floraison précoce).

Aa'' . . . 2 pieds de *D. Tatula capsulis inermibus* (tige pleine; floraison précoce).

Bb. . . . 27 pieds de *D. Tatula capsulis inermibus* (tige pleine; floraison tardive).

Cc. . . . 10 pieds de *D. lœvis capsulis inermibus = typus !* (tige fistuleuse; floraison tardive).

Quatrième génération (semis de 1868). — Les résultats sont :

Aa'a. . . 17 pieds de *D. Tatula capsulis spinosis* (tige fistuleuse; floraison tardive).

Aa''a . . 12 pieds de *D. Tatula capsulis inermibus = typus!* (tige pleine; floraison précoce).

B*bb* . . . 27 pieds de *D. Tatula capsulis inermibus* (tige pleine; floraison tardive).

C*cc* . . . 15 pieds de *D. lœvis capsulis inermibus = typus!* (tige fistuleuse; floraison tardive).

Cinquième génération (semis de 1869). — Elle a fourni :

Aa'aa . . 34 pieds de *D. Tatula capsulis spinosis* (tige fistuleuse; floraison précoce).

Aa''aa. . 10 pieds de *D. Tatula capsulis inermibus = typus!* (tige pleine; floraison précoce).

B*bbb*. . . 21 pieds de *D. Tatula capsulis inermibus* (tige pleine; floraison tardive).

C*ccc*. . . 9 pieds de *D. lœvis capsulis inermibus = typus!* (tige fistuleuse; floraison tardive).

Sixième génération (semis de 1870). — Elle a donné :

Aa'aaa . 41 pieds de *D. Tatula capsulis spinosis* (tige fistuleuse, floraison précoce).

Aa''aaa . 32 pieds de *D. Tatula capsulis inermibus = typus!* (tige pleine; floraison précoce).

B*bbbb* . . 33 pieds de *D. Tatula capsulis inermibus* (tige pleine; floraison tardive).

C*cccc* . . 18 pieds de *D. lœvis capsulis inermibus = typus!* (tige fistuleuse; floraison tardive)

Septième génération (semis de 1871). — Elle a fourni :

Aa'aaaa. 23 pieds de *D. Tatula capsulis spinosis* (tige fistuleuse; floraison précoce).

Aa''aaaa   9 pieds de *D. Tatula capsulis inermibus = typus!* (tige pleine; floraison précoce).

B*bbbbb* . 12 pieds de *D. Tatula capsulis inermibus* (tige pleine; floraison tardive).

C*ccccc*. .   7 pieds de *D. lœvis capsulis inermibus = typus!* tige fistuleuse; floraison tardive).

Les formes produites dans cette troisième expérience sont bien moins nombreuses que dans la précédente, et celles qui dérivent du type paternel, quant à la coloration violette des fleurs et à la teinte des tiges, dominent ; chose remarquable ! les formes qui ont apparu à la seconde génération sont dès lors définitivement fixées, si l'on en excepte une seule qui ne l'est que dans une partie de sa postérité. Parmi ces formes, l'une est un retour franc au type maternel, le *Datura lœvis ;* une autre est la race à capsules non épineuses du type paternel. Les deux autres, enfin, ont des caractères croisés ; elles les conservent jusqu'à la fin de l'expérience, formant ainsi deux races hybrides intermédiaires aux parents ; se seraient-elles maintenues en continuant l'expérience, que le défaut d'espace m'a obligé de suspendre?

La taille a été notablement plus élevée que celle des ascendants à la première génération, mais nullement exagérée, et les bifurcations inférieures stériles ont été moins nombreuses que de coutume ; elles ont été, relativement à celles qui ont noué et mûri leurs fruits, dans la proportion de 7 à 19. C'est, du reste, un fait à peu près général, qui résulte de toutes nos expériences sur les *Datura*, que la fécondité est en raison inverse de l'allongement des tiges.

A la seconde génération la taille est redevenue normale et la fertilité s'est montrée à peu près complète, si ce n'est sur les pieds revenus au *Datura lœvis* franc ; mais nous savons déjà à quoi tient cette exception.

4e EXPÉRIENCE. — *Datura ferox L.* fécondé par le pollen du *Datura Bertolonii Parl.*

Première génération (semis de 1865). — Six pieds ont fleuri et fructifié ; ils sont tous semblables entre eux par leurs caractères. Mais leur coloration étonne, la tige est lavée de brun violet finement ponctué de blanc. Les feuilles par leur petitesse, par leur forme et par leur teinte glauque, rappellent celles du *Datura ferox*, mais leur pétiole est teinté de brun-violet, tandis que leurs nervures sont vertes. La corolle est violette ainsi que les anthères. Les capsules sont ovoïdes, moins grosses et moins longues que dans le *Datura ferox,* hérissées d'épines assez longues et fortes, mais bien moins épaisses et plus nombreuses que dans le type maternel.

Seconde génération (semis de 1866). — Elle a donné :

A . . . . 3 pieds de *D. Bertolonii* = *typus!* (plante verte, floraison précoce).

B . . . . 2 pieds de *D. Stramonium* = *typus!* (plante verte; floraison précoce).

C. . . . . 2 pieds de *D. Tatula capsulis inermibus* = *typus!* (tige brune-violette, ponctuée de blanc floraison précoce).

D . . ⸱ 1 pied de *D. Tatula capulis spinosis* = *typus!* (tige brune-violette, ponctuée de blanc; floraison précoce).

E. . . . . 9 pieds de *D.* à feuilles du *ferox;* tige verte au-dessous des cotylédons, mais lavée de brun-violet et ponctuée de blanc au-dessus; fleurs violettes; capsules à épines fortes; graines grosses.

Troisième génération (semis de 1867). — Elle a produit :

A*a* . . . 12 pieds de *D. Bertolonii* = *typus!* (plante verte; floraison précoce).

B*b'*. . . . 4 pieds de *D. Stramonium* = *typus!* (plante verte; floraison précoce).

B*b"* . . . 1 pied de *Tatula capsulis spinosis* = *typus!* (tige brune-violette, finement ponctuée de blanc; floraison précoce).

B*b'''* . . . 2 pieds de *D. Bertolonii* = *typus!* (tige verte; floraison précoce).

C*c'*. . . . 4 pieds de *Tatula capsulis inermibus* = *typus!* (tige brune-violette, ponctuée de blanc, floraison précoce).

C*c"*. . . . 2 pieds de *D. Stramonium* = *typus!* (tige verte; floraison précoce).

Dd'. . . . 1 pied de **D**. *Tatula capsulis spinosis* (tige brune-violette, ponctuée de blanc; feuilles du **D**. *ferox;* épines des capsules longues et grêles; floraison tardive et fleurs violettes).

Dd". . . 6 pieds de **D**. qui est presque le **D**. *ferox,* à tige brune au-dessous des cotylédons, verte au-dessus; épines des capsules longues et grêles: graines grosses; floraison tardive et fleurs blanches.

Dd'". . . 1 pied de **D**. à tige brune sous les cotylédons, verte au-dessus; capsules tuberculeuses; graines moyennes; feuilles du **D**. *ferox,* fleurs blanches.

Ee. . . . 5 pieds de **D**. à tige verte au-dessous des cotylédons, mais lavée de brun-violet et ponctuée de blanc au-dessus; capsules à épines fortes; graines grosses; feuilles du **D**. *ferox;* fleurs violettes.

Quatrième génération (semis de 1868). — Les résultats sont:

Aaa . . . 14 pieds de **D**. *Bertolonii* = *typus!* (tige verte; floraison précoce).

Bb'b . . . 10 pieds de **D**. *Stramonium* = *typus!* (tige verte; floraison précoce).

Bb"b . . . 5 pieds de **D**. *Tatula capsulis spinosis* = *typus!* (tige brune-violette, ponctuée de blanc; floraison précoce).

Ab'"b . . . 2 pieds de **D**. *Bertolonii* = *typus!* (tige verte; floraison précoce).

Cc'c . . . 5 pieds de **D**. *Tatula capsulis inermibus!* = *typus!* (tige brune-violette, ponctuée de blanc floraison précoce).

Cc"c . . . 0 a péri.

Dd'd . . . 14 pieds de **D**. *Tatula capsulis spinosis* (tige brune-violette, ponctuée de blanc; épines des capsules longues et grêles; feuilles du *D. ferox*; floraison tardive et fleurs violettes).

D*d″d*. .. 15 pieds de *D.* qui est presque le *D. ferox*, à tige brune au-dessous des cotylédons, verte au-dessus; épines des capsules longues et grêles; graines grosses; floraison tardive et fleurs blanches.

D*d‴d* .. 1 pied de *D.* qui est presque du *D. ferox*, à tige brune au-dessous des cotylédons, verte au-dessus; capsules un peu tuberculeuses; graines moyennes; feuilles du *D. ferox*; fleurs blanches.)

E*ee*. ... 8 pieds de *D.* à tige verte au-dessous des cotylédons, lavée de brun-violet et ponctuée de blanc au-dessus; capsules à épines fortes; graines moyennes; feuilles du *D. ferox*; fleurs violettes.)

Cinquième génération (semis de 1869). — Elle a fourni :

A*aaa*. . . 24 pieds de *D. Bertolonii* = *typus!* (tige verte; floraison précoce).

B*b′bb′* . . 5 pieds de *D. Stramonium* = *typus!* (tige verte; floraison précoce).

B*b′bb″* . . 9 pieds de *D. Tatula capsulis spinosis* = *typus!* (tige brune-violette, ponctuée de blanc; floraison précoce).

B*b″bb* . . 22 pieds de *D. Tatula capsulis spinosis* = *typus!* (comme le précédent).

B*b‴bb* . . 5 pieds de *D. Bertolonii* (tige verte; floraison précoce).

C*c′cc*. . . 24 pieds de *D. Tatula capsulis inermibus* = *typus!* (tige brune-violette, ponctuée de blanc; floraison précoce).

D*d′dd* . . 4 pieds de *D. Tatula capsulis spinosis* (tige brune-violette, ponctuée de blanc; épines des capsules longues et grêles; feuilles du *D. ferox*; floraison tardive et fleurs violettes).

D$d''dd$ . . 6 pieds de *D. ferox* = *typus!* (tige brune au-dessous des cotylédons, verte au-dessus; épines des capsules longues et fortes; graines grosses; floraison tardive et fleurs blanches).

D$d'''dd$. 5 pieds de *D.* qui est presque le *ferox capsulis inermibus*, à tige brune au-dessous des coty-lédons, verte au-dessus; capsules lisses; graines moyennes; feuilles du *D. ferox;* fleurs blanches.

Eeee . . . 15 pieds de *D.* à tige verte sous les cotylédons, lavée de brun-violet et ponctuée de blanc au-dessus; capsules à épines fortes; graines moyennes; feuilles du *D. ferox*, fleurs vio-lettes.

Sixième génération (semis de 1870). — Elle a donné :

A$aaaa$ . . 32 pieds de *D. Bertolonii* = *typus!* (tige verte; floraison précoce).

B$b'bb'b$ . . 5 pieds de *D. Stramonium* = *typus!* (tige verte; floraison précoce).

B$'bb''b$. 11 pieds de *D. Tatula capsulis spinosis* = *typus !* (tige brune-violette, ponctuée de blanc; flo-raison précoce).

B$b''bbb$ . . 20 pieds de *D. Tatula capsulis spinosis* = *typus!* (comme le précédent).

B$b'''bbb$. 33 pieds de *D. Bertolonii* = *typus!* (tige verte; floraison précoce).

C$c'ccc$ . . 19 pieds de *D. Tatula capsulis inermibus* = *ty-pus!* (tige brune-violette, ponctuée de blanc; floraison précoce).

D$d'ddd$ . . 4 pieds de *D. Tatula capsulis spinosis* (tige brune-violette, ponctuée de blanc; épines des capsules courtes et grêles; feuilles du *D. fe-rox;* floraison un peu tardive; fleurs vio-lettes).

$Dd''ddd$. 21 pieds de *D. ferox* = *typus!*

$Dd'''ddd$. 13 pieds de *D.* qui est presque le *ferox capsulis inermibus*, à tige brune au-dessous des cotylédons, verte au-dessus; capsules lisses; graines moyennes; feuilles du *D. ferox*; floraison tardive; fleurs blanches.)

Eeeee. . . 22 pieds de *D.* intermédiaire entre le *D. ferox* et le *D. Tatula.*

Septième génération (semis de 1870). — Elle a fourni :

Aaaaaa . 21 pieds de *D. Bertolonii* = *typus!* (tige verte; floraison précoce).

$Bb'bb'bb$. 16 pieds de *D. Stramonium* = *typus!* (tige verte; floraison précoce).

$Bb'bb''bb$. 11 pieds de *D. Tatula capsulis spinosis* = *typus!* (tige brune-violette, ponctuée de blanc; floraison précoce).

$Bb''bbbb$. 24 pieds de *D. Tatula capsulis spinosis* = *typus!* (comme le précédent).

$Bb'''bbbb$. 8 pieds de *Bertolonii* = *typus!* (tige verte; floraison précoce).

$Cc'cccc$. . 9 pieds de *D. Tatula capsulis inermibus* = *typus!* (tige brune-violette, ponctuée de blanc; floraison précoce).

$Dd'dddd$. 18 pieds de *D. Tatula capsulis spinosis* (tige brune-violette, ponctuée de blanc; épines des capsules courtes et grêles; feuilles du *D. ferox*; floraison un peu tardive; fleurs violettes).

$Dd''dddd$. 20 pieds du *D. ferox* = *typus!*

$Dd'''dddd$. 25 pieds de *D. ferox capsulis inermibus* (tige brune au-desssus des cotylédons, verte au-dessus; graines grosses; floraison tardive; fleurs blanches).

Eeeeee. . 7 pieds de *D.* intermédiaire aux *D. ferox* et *Tatula.*

A la première génération tous les pieds ont des caractères uniformes. Les tiges et les rameaux sont inégalement lavés d'une teinte brune-violette, bien moins foncée que dans le *Datura Tatula*, mais finement ponctuée de blanc, comme dans celui-ci qui n'est cependant pas intervenu dans le croisement. D'où vient donc cet élément coloré qui n'existait pas dans les parents immédiats? Nous avons démontré que le *Datura Bertolonii* n'est qu'une race, dont le type primitif est vraisemblablement le *Datura Tatula*. La coloration inattendue de nos produits hybrides pourrait bien trouver son origine dans cette circonstance, qui rend, en outre, parfaitement bien compte des fines ponctuations blanches dont la tige est parsemée et qui caractérisent le *Datura Tatula* (¹). Or, si la coloration d'un brun-violet des tiges n'existe pas en fait dans le *Datura Bertolonii*, elles s'y trouve du moins *potentiellement*, s'il m'est permis de m'exprimer ainsi. L'apparition de cette teinte dans notre hybride ne serait donc qu'un phénomène d'atavisme, en attachant à cette dénomination le sens que tous les physiologistes lui ont attribué.

La couleur brune des tiges et la coloration violette des corolles, pourraient avoir aussi pour origine le *Datura ferox* lui-même. Kœlreuter, qui nous a enseigné tant de choses sur les hybrides, nous a

(¹) Ce caractère est déjà indiqué par Linné.

signalé un fait qui conduit à cette conclusion. Ayant
fécondé le *Datura inermis Jacq.* (*Datura lævis L. fil.*)
par le pollen du *Datura ferox L.*, en l'année 1774,
il obtint de ce croisement, l'année suivante, des
produits intermédiaires aux deux parents et il s'ex-
tasie sur la couleur tout à fait inattendue des corolles de ces hybrides : *Flores inexpectati coloris, ex
albido-violacei* ([1]). Mais, si on examine la couleur de
la tige au-dessous des cotylédons, dans le *Datura
ferox,* on constatera qu'elle est, en ce point de l'axe,
toujours brune ([2]). J'ajouterai que la face externe des
cotylédons porte aussi la même teinte, au moment
de la germination et que, vers l'automne, lorsque
le *Datura ferox* a été bien exposé au soleil, sa tige
est quelquefois teintée d'un brun-violet sur les par-
ties les plus exposées à la lumière. Le principe
colorant brun-violet existe donc dans le *Datura
ferox.*

A la seconde génération, le *Datura Tatula* et les
trois races qui sont issues de lui, se dégagent de la
manière la plus nette et persistent sans modification
jusqu'à la fin de l'expérience. Une seule forme, représentée par neuf pieds, est, par ses caractères,
intermédiaire aux parents, mais en diffère néan-
moins par la coloration brune et violette de ses

([1]) Koelreuter, *Acta Academiæ scientiarum imperialis petropo-
litanæ, pro anno* MDCCLXXXI, *pars posterior,* p. 303.
([2]) Naudin, *Annales des sciences naturelles,* 5ᵉ série, t. III
(1865), p. 156.

tiges et de ses corolles violettes, circonstance qui ne doit plus nous étonner.

A la troisième génération, deux formes, qui se rapprochent plus ou moins du *Datura ferox*, font leur apparition : l'une verte, à fleurs blanches, qui ne diffère plus de ce type maternel que par les épines grêles de ses capsules ; mais cette seule différence disparaît à la cinquième génération et ne reparaît pas à la sixième ni à la septième ; c'est le seul retour franc au *Datura ferox* qui se soit produit dans cette expérience, mais il est complet. L'autre forme est semblable à celle-ci, mais elle en diffère seulement par ses capsules munies de tubercules rudimentaires ; ce caractère persiste sur les pieds de la quatrième génération, mais il disparaît complétement sur ceux de la cinquième, de la sixième, de la septième, et les capsules sont absolument lisses. Cette forme est un vrai *Datura ferox capsulis inermibus*. Enfin deux formes intermédiaires aux parents, mais à tiges colorées et à fleurs violettes, persistent jusqu'à la suspension de l'expérience.

Les parents des hybrides de cette 4ᵉ expérience, ne mesurent habituellement que 0ᵐ,40 à 0ᵐ,50 de hauteur. La première génération nous a fourni des pieds d'une végétation vigoureuse ; les tiges sont robustes et se sont singulièrement allongées ; elles sont arquées en dehors et très-rameuses ; les branches des bifurcations, largement étalées, sont d'autant plus inégales qu'elles sont placées plus haut. Le plus grand pied mesure 1ᵐ,90 ; ses bifurcations sont très-nombreuses, mais beaucoup de fleurs ont avorté ou n'ont pas noué leur ovaire. Celles-ci sont à celles qui ont produit des capsules fertiles dans la proportion de 10 à 8. Une seule fois un fruit s'est normalement développé à la bifurcation inférieure, mais de nombreuses fleurs stériles se sont montrées aux bifurcations suivantes. Sur les autres pieds, c'est à la troisième, à la quatrième ou même à la sixième bifurcation que la première capsule s'est montrée ; mais, c'est toujours à l'extrémité des branches que les capsules fertiles ont été les plus nombreuses.

La seconde génération devient plus fertile et la taille s'abaisse généralement. A la quatrième, tout devient normal sous ce double rapport.

5ᵉ Expérience. — *Datura Bertolonii Parl.* fécondé par le pollen du *Datura ferox L.*

Première génération (semis de 1865). — Les produits obtenus sont uniformes et intermédiaires aux parents. Ils ne diffèrent pas sensiblement de ceux de la première génération de l'expérience précédente ; les caractères de coloration sont les mêmes, seulement les teintes sont plus pâles.

Seconde génération (semis de 1866). — Elle a produit :

A . . . . 5 pieds de *D. Tatula capsulis spinosis* = *typus !*

(tige brune-violette, ponctuée de blanc; floraison précoce).

B . . . . 1 pied de *D. Bertolonii* = *typus!* (tige verte; floraison précoce).

C . . . . 2 pieds de *D.* à tige lavée de brun non ponctuée; feuilles du *D. ferox;* corolles violettes; épines des capsules longues et grêles; graines moyennes; floraison un peu tardive.

D . . . . 4 pieds de *D.* à tige brune-violette, ponctuée de blanc; feuilles du *D. ferox ;* corolles violettes; épines des capsules semblables à celles du *D. Tatula;* graines grosses; floraison précoce.

E. . . . . 1 pied de *D.* voisin du *D. ferox ;* tige verte, même au-dessous des cotylédons; feuilles du *D. ferox;* corolles d'un blanc d'abord jaunâtre; épines des capsules longues et grêles; graines grosses; floraison tardive.

Troisième génération (semis de 1867). — Elle a donné :

A*a*. . . . 29 pieds de *D. Tatula capsulis spinosis* = *typus!* (tige brune-violette, ponctuée de blanc; floraison précoce).

B*b*. . . . 6 pieds de *D. Bertolonii* = *typus !* (tige verte; floraison précoce).

C*c*. . . . 11 pieds de *D.* à tige teintée de brun non ponctuée, verte au-dessous des cotylédons ; feuilles du *D. ferox;* corolles d'un violet pâle; épines des capsules grêles; graines grosses; floraison un peu tardive.

D*d*. . . 2 pieds de *D.* ressemblant beaucoup au *D. Tatula,* si ce n'est que les épines sont plus longues ; floraison précoce.

E*e* . . . . 2 pieds de *D.* voisin du *D. ferox;* tige verte; même au-dessous des cotylédons; feuilles du

D. *ferox*; corolles d'un blanc d'abord jaunâtre; capsules à épines fortes; floraison tardive.

Quatrième génération (semis de 1868). — Les résultats sont :

A*aa* . . . 6 pieds de D. *Tatula capsulis spinosis* = *typus!* (tige brune-violette, ponctuée de blanc; floraison précoce).

B*bb* . . . 7 pieds de D. *Bertolonii* = *typus!* (tige verte; floraison précoce).

C*cc'* . . . 7 pieds de D. à tige teintée de brun non ponctuée, verte au-dessous des cotylédons; feuilles du D. *ferox*; corolles d'un violet pâle; capsules lisses; graines moyennes; floraison assez précoce.

C*cc"* . . . 17 pieds de D. à tige verte, même au-dessous des cotylédons; feuilles du D. *ferox*; corolles d'un blanc d'abord jaunâtre; capsules couvertes de tubercules aigus, épais et courts (muriquées), graines moyennes; floraison précoce.

C*cc'"* . . . 9 pieds de D. voisin du D. *ferox*; tige verte au-dessous des cotylédons; feuilles du D. *ferox*; corolle d'un blanc d'abord jaunâtre; capsules à épines robustes; graines grosses; floraison précoce.

D*dd* . . . 0 id. Le semis a péri.

E*ee* . . . . 15 pieds de D. voisin du D. *ferox*; tige verte, même au-dessous des cotylédons; feuilles du D. *ferox*; corolle d'un blanc d'abord jaunâtre; capsules à épines robustes; floraison tardive.

Cinquième génération (semis de 1869). — Elle a fourni :

A*aaa*. . . 12 pieds de D. *Tatula capsulis spinosis* = *typus!*

(tige brune-violette, ponctuée de blanc; floraison précoce).

B*bbb*. . . 6 pieds de *D. Bertolonii* = *typus!* (tige verte; floraison précoce).

C*cc'c'*. . . 23 pieds de *D.* à tige lavée de brun non ponctuée, verte au-dessous des cotylédons; feuilles du *D. ferox;* corolles violettes; capsules lisses; graines moyennes; floraison précoce.

C*cc'c''*. . . 6 pieds de *D.* à tige verte, même au-dessous des cotylédons; feuilles du *D. ferox;* corolles d'un blanc d'abord un peu jaunâtre; capsules tuberculeuses; graines moyennes; floraison précoce.

C*cc''c*. . . 7 pieds de *D.* à tige verte, même au-dessous des cotylédons; feuilles du *D. ferox;* corolles d'un blanc d'abord un peu jaunâtre; capsules muriquées; graines moyennes; floraison précoce.

C*cc'''c*. . 16 pieds de *D.* voisin du *D. ferox;* tige verte, même au-dessous des cotylédons; feuilles du *D. ferox;* corolles d'un blanc d'abord jaunâtre; capsules à épines robustes; graines grosses; floraison précoce.

E*eee*. . . 8 pieds de *D.* à tige verte, même au-dessous des cotylédons; feuilles du *D. ferox;* corolle d'un blanc d'abord un peu jaunâtre; capsules à épines épaisses et longues comme dans le *D. ferox;* graines grosses; floraison tardive.

Sixième génération (semis de 1870). — Toutes les formes de 1869 se maintiennent, comme le constatent les observations suivantes:

A*aaaa*. . 22 pieds de *D. Tatula capsulis spinosis* = *typus!* (tige brune-violette, ponctuée de blanc; floraison précoce).

B*bbbb*. . 6 pieds de *D. Bertolonii* = *typus!* (tige verte; floraison précoce).

Ccc'c'c . . 23 pieds de **D**. à tige lavée de brun, non ponctuée, verte au-dessous des cotylédons; feuilles du **D**. *ferox*; corolles violettes; capsules lisses; graines moyennes; floraison précoce.

Ccc'c''c . . 28 pieds de **D**. à tige verte, même au-dessous des cotylédons; feuilles du **D**. *ferox*; corolles d'un blanc d'abord un peu jaunâtre; capsules tuberculeuses; graines moyennes; floraison précoce.

Ccc''cc . . 15 pieds de **D**. à tige verte, même au-dessous des cotylédons; feuilles du **D**. *ferox*; corolles d'un blanc d'abord un peu jaunâtre; capsules muriquées; graines moyennes; floraison précoce.

Ccc'''cc . . 8 pieds de **D**. voisin du **D**. *ferox*, dont il ne diffère que par sa tige verte au-dessous des cotylédons et sa floraison précoce.

Eeeee . . . 6 pieds de **D**. *ferox* à tige verte au-dessous des cotylédons, mais à cela près, en possédant tous les autres caractères.

Septième génération (semis de 1871). — Elle a produit :

Aaaaaa . . 15 pieds de **D**. *Tatula capsulis spinosis* = *typus!* (tige brune-violette, ponctuée de blanc; floraison précoce).

Bbbbbb . . 12 pieds de **D**. *Bertolonii* = *typus!* (tige verte; floraison précoce).

Ccc'c'cc . . 38 pieds de **D**. à tige lavée de brun, non ponctuée, verte au-dessous des cotylédons; feuilles du **D**. *ferox*; corolles violettes; capsules lisses; graines moyennes; floraison précoce.

Ccc'c''cc' . 24 pieds de **D**. à tige verte, même au-dessous des cotylédons; feuilles du **D**. *ferox*; corolle d'un blanc d'abord un peu jaunâtre; capsules tuberculeuses; graines moyennes; floraison précoce.

$Ccc'c''cc''$.   1 pied de *D. ferox* = *typus!* (tige brune au-
dessous des cotylédons; feuilles du *D. ferox;*
corolle d'un blanc d'abord jaunâtre; capsules
munies de grosses épines; floraison tardive).

$Ccc''ccc$. . 10 pieds de *D.* à tige verte, même au-dessous
des cotylédons; feuilles du *D. ferox;* corolle
d'un blanc d'abord un peu jaunâtre; capsules
muriquées; graines moyennes; floraison précoce.

$Ccc'''ccc$. 10 pieds de *D.* voisin du *D. ferox*, dont il ne
diffère que par sa tige verte au-dessous des
cotylédons et sa floraison précoce.

$Eeeeee$ . . 5 pieds de *D. ferox* à tige verte au-dessous des
cotylédons, mais à cela près, en possédant
tous les autres caractères. Un pied de taille
ordinaire a les 3 ou 4 premières bifurcations
stériles.

Les résultats de cette cinquième expérience présentent, ce qui n'a pas lieu de nous surprendre,
plus d'une analogie avec ceux de la précédente, et
plusieurs des observations que nous avons émises,
pourraient être reproduites ici. Nous voyons de
même deux formes du type maternel, les *Datura
Tatula* et *Bertolonii* se dégager à la seconde génération, et se fixer immédiatement et intégralement,
bien que le croisement ait été inverse. Une troisième forme se rapproche beaucoup du *Datura ferox*
et finit même, dans les générations suivantes, à
reproduire ce type, si on en excepte un caractère
peu important de coloration. Deux autres formes
restent encore incertaines.

A la troisième génération, les choses se modifient peu.

A la quatrième, l'une des formes se subdivise en trois autres, qui se rapprochent plus ou moins du *Datura ferox:* la première à capsules lisses et à fleurs violettes; la seconde est du *Datura ferox* à capsules tuberculeuses; la troisième se rapproche du même type, et ses capsules sont muriquées; la quatrième, à capsules pourvues de grosses épines, ne diffère du type paternel que par des caractères accessoires. Elles persistent toutes les quatre dans les générations suivantes; mais l'une d'elles, la seconde, fournit, à la septième génération un pied qui a tous les caractères d'un *D. ferox* légitime, et 23 pieds conservent les caractères des trois générations précédentes.

CONCLUSIONS GÉNÉRALES.

Les métis et les hybrides de *Datura* produisent des capsules pleines de graines fécondes; mais ces capsules n'existent pas à la première génération, souvent à la seconde et plus rarement à la troisième, dans un plus ou moins grand nombre de bifurcations inférieures, soit que la fleur avorte, soit que la fleur ne noue pas son fruit.

Comme dans tous les hybrides de première ou des premières générations, la taille de nos *Datura* est plus élevée que chez les parents; le nombre des bifurcations inférieures stériles est en rapport avec le développement de la taille, mais cette stérilité partielle disparaît dans les générations suivantes avec l'abaissement de la taille, à moins qu'il ne s'agisse d'un retour au *Datura lœvis L. fil.* qui, normalement, a ses bifurcations inférieures stériles.

Dans les *Datura*, les fécondations croisées permettent de distinguer ce qui est race de ce qui est espèce : 1° Les métis reviennent, dès la première génération, à l'un ou à l'autre des parents, mais plus souvent au type paternel et jamais ne donnent naissance à des formes intermédiaires dans les générations suivantes, mais quelquefois à une ou plusieurs races de la même espèce ; 2° les hybrides, au contraire, donnent toujours à la première génération, comme tous les vrais hybrides, des produits uniformes et intermédiaires aux parents, puis varient plus ou moins dans les générations suivantes.

Les formes hybrides ont abouti à l'un des quatre résultats suivants :

1° Tantôt il y a eu retour complet et permanent à l'une et à l'autre des espèces génératrices ; c'est le fait le plus général ;

2° D'autres fois, le retour serait complet sans la modification d'un caractère superficiel de la capsule ; ainsi nous avons obtenu des retours au *Datura prœcox Nob.*, mais à capsules lisses ; des retours au *Datura lœvis L. fil.*, mais à capsules épineuses ; des retours au *Datura ferox L.*, mais à capsules lisses, à capsules tuberculeuses et à capsules muriquées.

Comme c'est la seule différence qui sépare ces retours des types dont ils procèdent, et comme ces
caractères accessoires se modifient sans hybridation,
comme le prouve l'origine des *Datura Bertolonii
Parl.* et *Tatula capsulis inermibus,* qui forment des
races tératologiques, nous pensons que ces légères
déviations des types, qui se sont montrées dans nos
hybrides et qui ont persisté pendant plusieurs générations, ont le même caractère tératologique,
mais que leur production a été favorisée par le
croisement;

3° Dans les hybrides, où sont intervenus le *Datura Tatula genuina* et sa race le *Datura Bertolonii,*
non-seulement ces formes se sont reproduites et ont
fini par persister, mais les autres races de la même
espèce ont paru et se sont maintenues, bien que
n'étant pas intervenues directement dans le croisement;

4° Enfin un petit nombre de formes sont restées
indécises entre leurs ascendants et n'avaient pas
encore fait retour à ces derniers à la septième génération, c'est-à-dire alors que l'expérience a été
interrompue, faute d'un terrain suffisant (¹).

(¹) Toutefois, en 1873, j'ai pu semer les graines de ces
formes intermédiaires. Il en est résulté que, dans ma 4ᵉ expérience, la forme Eeeeee a produit un retour franc au *D. ferox*
et, dans la 5ᵉ, les formes Cce'c'cc et Cce'c''cc m'ont donné du
D. ferox à capsules muriquées. A la huitième génération, il y a
donc eu dans plusieurs de ces formes des modifications dans le
sens du retour, qui en promettent d'autres.

APPENDICE.

Je crois utile, comme je l'ai dit antérieurement, de décrire ici les espèces et les races qui sont intervenues dans les expériences précédentes. J'y ajoute deux autres espèces, dont l'une a fait l'objet d'une confusion et dont l'autre est nouvelle et remarquable par ses caractères.

On n'a pas séparé jusqu'ici, dans les ouvrages de botanique descriptive, les races ou variétés permanentes par hérédité, des simples variétés. Je crois cette distinction nécessaire et conforme à l'esprit de ce travail et de plusieurs de mes publications antérieures. Mais une difficulté se présente : le mot *race* a une signification parfaitement définie en zoologie, et si l'on s'en est jusqu'ici peu servi pour désigner les variétés végétales qui se propagent de graines, ce terme leur a déjà été appliqué, dans les temps modernes, par plusieurs botanistes, et notamment par Pyr. de Candolle (¹), par M. Alph. de Candolle (²), par M. Ch. Darwin (³) et par nous dans notre traité *De l'Espèce et des Races dans les*

(¹) Pyr. de Candolle, *Théorie élémentaire de la botanique.* Paris, 1819 ; in-8°, p. 204.

(²) Alph. de Candolle, *Géographie botanique raisonnée.* Paris, 1855 ; in-8°, t. II, p. 1282 et suivantes.

(³) Ch. Darwin, *De la Variation des animaux et des plantes, sous l'action de la domestication.* Trad. fr., Paris, 1868 ; in-8° t. I, p. 344 et 345.

êtres organisés (¹). Mais il n'existe en latin aucun terme correspondant exactement au mot français. Linck (²), en 1798, a désigné la même chose sous le nom *subspecies*, que plusieurs botanistes français ont traduit par *sous-espèce*, ce qui prouve qu'ils ne lui attribuaient pas la signification de *race*. Ce dernier mot emporte avec lui, ce que ne fait pas l'expression imaginée par Linck, l'idée de descendance d'une espèce connue. Pyr. de Candolle (³) a proposé, pour désigner la race, le mot *stirps* qui indique la descendance, mais qui ne nous semble pas avoir la précision suffisante. Il en est de même du mot latin *gens*. En attendant que cette question de dénomination soit résolue par des savants plus autorisés que moi, j'emploierai tout simplement à l'avenir le mot français race (⁴), même dans une description latine.

Datura lœvis L. fil. suppl. 146 (*non Bert.*); *D. inermis Jacq. Hort. vind.* 3, *p.* 44, *tab.* 82. — Fleurs longues de 0ᵐ,06 à 0ᵐ,07. Calice très-finement pubescent, d'un vert pâle. Corolle à limbe d'un blanc

(¹) Godron, *De l'Espèce et des Races dans les êtres organisés,* Paris, 1859; 2 vol. in-8°.

(²) Linck, *Philosophiæ botanicæ Prodromus.* Gœttingæ, 1798 in-8°, p. 187.

(³) Pyr. de Candolle, *Op. cit.,* p. 204.

(⁴) Le mot français *race* se traduit avec la même signification par *raça* en portugais, *raza* en espagnol, *razza* en italien, *race* en anglais, et, assure-t-on, *reiza* en ancien haut allemand. En grec, comme en latin, il n'y a pas de terme correspondant.

pur. Anthères linéaires, oblongues, longues de
0^m,006, jaunâtres. Capsules ovoïdes, vertes, lisses.
Graines de grosseur moyenne. Feuilles d'un vert pâle,
inégales à la base, sinuées, anguleuses, à limbe
maculé à la base de sa face supérieure d'une tache
claire, d'un vert jaunâtre, très marquée sur les
jeunes feuilles. Tige épaisse, fistuleuse, entièrement
verte; branches des bifurcations s'écartant à angle
aigu, d'autant plus inégales à chaque nœud qu'elles
sont placées plus haut; les fleurs alaires manquent
ou ne nouent pas leur ovaire aux bifurcations inférieures, jusqu'à la troisième ou même jusqu'à la
sixième bifurcation. Cotylédons entièrement verts.
Taille de 0^m,60 à 1 mètre; fleurit en août jusqu'en
automne.

Datura Tatula L. Sp. 256.

A. *Genuina.* — Fleurs longues de 0^m,07 à 0^m,08.
Calice un peu épais à la base, lavé de brun-violet.
Corolle à limbe d'un violet clair, munie à la gorge et
sous chacun des segments de trois lignes longitudinales rapprochées d'un violet foncé, caractère déjà
signalé par Koelreuter[1]. Anthères violettes, un peu
épaisses, longues de 6 millim. Capsules ovoïdes,
couvertes d'épines nombreuses, peu inégales et longuement atténuées en pointe acérée. Graines de
grosseur moyenne. Feuilles inégales à la base, sinuées, anguleuses, à pétioles et à nervures teintés

[1] Koelreuter, *Zweite Fortsetzung, etc.*, 1764; in-12, p. 125.

d'un brun-violet, à limbe maculé à la base de sa face supérieure d'une tache claire, d'un vert jaunâtre, très-marquée sur les feuilles jeunes. Tige épaisse, pleine, d'un brun-violet foncé dans toute sa longueur, même au-dessous des cotylédons, mais finement ponctuée de blanc, caractère déjà signalé par Linné (¹). Cotylédons épigés, bruns à leur face externe. Taille atteignant ordinairement 0ᵐ,70; fleurit à la fin de juin jusqu'en automne.

Race B. *Planta fusco-violacea, capsulis inermibus.* — Ne diffère de la plante précédente que par ses capsules lisses.

Race C. *Planta pallide-virens, capsulis spinosis* (*Datura Stramonium L.*). — Fleurs de même grandeur que les formes précédentes. Calice vert pâle. Corolle et anthères d'un blanc de lait uniforme. Capsules ovoïdes, couvertes d'épines nombreuses, peu inégales et longuement atténuées en pointe acérée. Feuilles d'un vert clair, à limbe maculé à la base de sa face supérieure d'une tache plus claire encore, d'un vert jaunâtre, plus marquée dans les feuilles jeunes. Tige pleine, entièrement verte, même au dessous des cotylédons. Cotylédons épigés, verts sur les deux faces. — Taille généralement un peu moindre que les formes précédentes; cette race fleurit en même temps. Elle ne diffère du *Datura Tatula genuina* que par les couleurs.

(¹) *Linnæi Species plantarum*, p. 256.

Race D. *Planta pallide-virens, capsulis inermibus
(Datura Bertolonii Parl.).* — Diffère de la forme
précédente seulement par ses capsules lisses.

*Datura præcox Nob.; D. quercifolia Godr. olim
(non Humb. et Bonp.); D. muricata hort. Berol. (non
Bernh. nec Linck).* — Fleurs longues de $0^m,06$. Calice à tube grêle, vert ou faiblement lavé de brun,
à divisions triangulaires assez longuement et finement acuminées. Corolle à limbe d'un violet clair,
sans lignes plus colorées à la gorge. Anthères d'un
beau violet, linéaires, un peu velues, longues de
$0^m,004$ à $0^m,005$. Capsules ovoïdes, vertes, parse-
mées ainsi que la base des aiguillons de poils très-
courts, couvertes d'épines nombreuses, grêles, inégales. Graines petites. Feuilles plus longues que
larges, inégales à la base, sinuées, anguleuses, à
pétiole et à nervures légèrement lavés de brun, à
limbe maculé d'une tache noire à la base de sa face
supérieure dans les feuilles encore jeunes. Tige un
peu grêle, pleine, légèrement lavée de brun-violet
d'un seul côté, jamais ponctuée de blanc, mais
d'un brun foncé au-dessous des cotylédons. Ceux-ci
d'un brun foncé à leur face extérieure au moment
de la germination. — Taille de $0^m,30$ à $0^m,40$;
fleurit au commencement de juin et jusqu'à la fin
d'août.

Nota. — Les graines de cette plante, comme je
l'ai indiqué, m'ont été adressées des différents jar-

dins botaniques, sous des noms bien différents et qui ne lui appartiennent pas. Je l'ai reçue du jardin botanique de Berlin, pendant plusieurs années consécutives, et toujours sous le nom de *Datura muricata Linck*. Ce nom a été donné par Bernhardi [1], et il ne peut exister aucun doute sur la plante à laquelle il a imposé cette dénomination, puisque, dans une publication postérieure [2], il considère sa plante comme une variété δ *muricata du Datura hummata*, variété dont Nées ab Esenbeck a fait son *Datura alba* [3]. Or, cette plante appartient à la section *Dutra* et non à la section *Stramonium*, comme la plante du jardin de Berlin.

Quant au *Datura muricata Linck, Enum. plant. horti regii botanici berolinensis altera, in-8°, t. I* (1821), *p. 177*, il semblerait qu'on a dû en conserver la tradition au jardin botanique de Berlin, et que cette plante soit celle dont il distribue les graines sous ce nom. Je ne puis le croire cependant, et plusieurs raisons s'opposent à ce que je l'admette. D'abord Bernhardi considère la plante de Linck comme synonyme du *Datura alba Nees* [5], et,

[1] Bernhardi, *Catalogus seminum horti Erdfurtensis*, pro anno *1818*.

[2] Bernhardi, in Trommsdorf, *Neues Journal der Pharmacie*, t. XXVI, p. 173.

[3] Nees ab Esenbeck, in *Transaction of the Linnean Society*, t. XVII, p. 73.

[4] Bernhardi, in Trommsdorf, *Neues Journal der Pharmacie*, t. XXVI, p. 173.

s'il n'en était pas ainsi, le nom donné par Bernhardi n'en serait pas moins plus ancien que celui donné par Linck, et dès lors devrait avoir la priorité. De plus, l'épithète de *muricata* a un sens bien défini et ne convient en aucune façon au fruit d'une plante qui porte des aiguillons presque aussi longs et plus grêles que dans le *Datura Tatula*, et non pas des pointes courtes et grosses, ce que veut dire le mot *muricata* ([1]).

Datura ferox L. Amœn. acad., t. III, p. 403. — Fleurs longues de $0^m,05$. Calice d'un vert pâle, un peu ventru à la base, à divisions triangulaires acuminées. Corolle à limbe d'abord un peu jaunâtre avant son épanouissement, puis d'un beau blanc. Anthères blanches. Capsules ovoïdes-oblongues, grosses, vertes; ses épines sont peu nombreuses et très-petites vers sa base, puis deviennent épaisses plus haut et d'autant plus longues et robustes qu'elles sont plus voisines du sommet; les quatre supérieures sont longues de $0^m,015$ à $0^m,017$, arquées-convergentes. Graines très-grosses. Feuilles assez petites, largement ovales-rhomboïdales, d'un vert très-glauque, sinuées, dentées, sans tache spéciale à la base du limbe. Tige pleine, épaisse, verte ou quelquefois un peu lavée de brun vers l'automne et d'un côté seulement, d'un brun foncé au-dessous

([1]) De Candolle, *Théorie élémentaire de la botanique*. Paris, 1819, p. 497.

des cotylédons; les rameaux jeunes, pubescents. Cotylédons épigés, bruns en dessous. — Taille de $0^m,40$ à $0^m,70$; floraison en août jusqu'en automne.

Datura quercifolia Humb. et Bonpl. nov. gen., *t. III, p. 7.* — Fleurs longues de $0^m,035$, les plus petites à moi connues. Calice petit, un peu épaissi à la base, d'un vert pâle, couvert d'une pubescence appliquée, à divisions courtes, ovales, brièvement acuminées, réfléchies. Corolle à limbe violet extérieurement. Anthères violettes. Capsule grosse, ovoïde-oblongue, couverte d'une fine pubescence; ses épines manquent ou sont très-petites vers la base, puis s'agrandissent beaucoup, deviennent épaisses et coniques; les quatre supérieures sont droites et mesurent $0^m,015$ à $0^m,018$. Graines grosses. Feuilles vertes, plus longues que larges, sinuées-pinnatifides, les supérieures plus profondément divisées, toutes pubescentes et plus pâles en dessous. Tige pubescente, d'abord verte, puis un peu lavée de brun-violet d'un côté en automne, d'un brun foncé au-dessous des cotylédons, à branches des bifurcations très-inégales. Cotylédons épigés, bruns en dessous. — Taille de $0^m,30$ à $0^m,50$; fleurit en août jusqu'en automne.

Datura microcarpa Nob. — Fleurs longues de $0^m,05$. Calice assez petit, vert ou teinté de violet, mollement velu, à divisions courtes, lancéolées, finement et assez longuement acuminées. Corolle à limbe violet extérieurement. Anthères violettes.

Capsules, les plus petites du genre, couvertes sur toute leur surface d'épines inégales et très-grêles. Graines moyennes. Feuilles plus longues que larges, sinuées-pinnatifides, les supérieures plus profondément divisées, vertes en dessus, plus pâles en dessous, à nervures lavées de violet. Tige grêle et élancée, lavée de violet dès le printemps, d'un brun foncé au-dessous des cotylédons. Ceux-ci bruns en dessous. — Taille de 1 mètre ; floraison en juillet jusqu'en automne.

IMPRIMERIE, BERGER-LEVRAULT ET Cᵉ. NANCY, RUE JEAN-LAMOUR. 11.

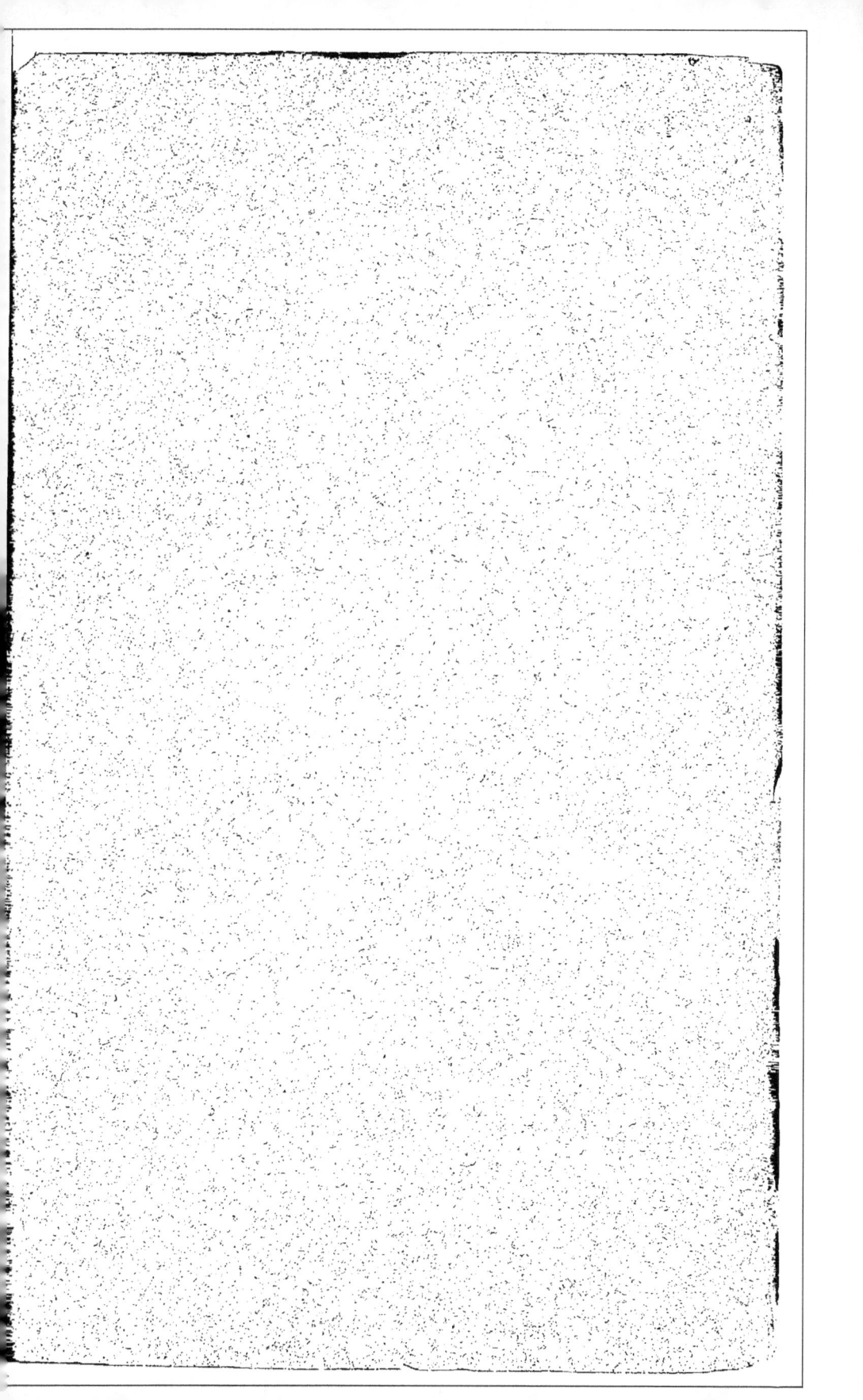

PRINCIPAUX OUVRAGES DE L'AUTEUR.

De l'espèce et des races dans les êtres organisés et spécialement de l'unité de l'espèce humaine ; 1859, 2 vol. in-8°.

Flore de France, par GRENIER et GODRON ; 1847-1856. 6 vol. in-8°, en trois tomes.

Flore de Lorraine ; seconde édition, 1857 ; 2 vol. in-12

Flora Juvenalis, ou énumération des plantes étrangères qui croissent naturellement au port Juvénal près de Montpellier ; 1854, in-8° de 115 pages.

Géographie botanique de la Lorraine ; 1862, 1 vol. in-12.

Zoologie de la Lorraine ; 1863, 1 vol. in-12.

Recherches expérimentales sur l'hybridité dans le règne végétal ; 1863, in-8°

De la végétation du Kaisersthul dans ses rapports avec celle des coteaux jurassiques de la Lorraine ; 1864, in-8° :

Étude ethnologique sur l'origine des populations lorraines ; 1862, in-8°.

Mémoire sur les Fumariées à fleurs irrégulières, et sur la cause de leur irrégularité ; 1864, in-8°, avec planche.

Mémoire sur l'inflorescence et les fleurs des Crucifères ; 1865, in-8°, avec pl.

Observations sur les bourgeons et sur l'inflorescence des Papilionacées ; 1865, in-8°.

Recherches sur les animaux sauvages qui habitaient autrefois la chaîne des Vosges ; 1856, in-8°.

Nouvelles expériences sur l'hybridité dans le règne végétal, faites pendant les années 1863, 1864 et 1865 ; 1866, in-8°.

De la signification morphologique des différents axes de végétation de la vigne ; 1867, in-8°.

L'Atlantide et le Sahara. Fragment détaché d'un cours fait à la Faculté des Sciences de Nancy, en 1867 ; in-8°.

Une pélorie reproduite de graines ; in-8°, 1868.

Observations sur quelques axes végétaux constamment définis par la mortification du bourgeon terminal ou des mérithalles supérieurs ; in-8°. 1868.

Les perles de la Vologne et le Château-sur-Perle ; in-8°, 1869.

Mélanges de tératologie végétale ; in-8°, 1872.

De la floraison des Graminées ; in-8°, 1873.

De l'origine probable des Poiriers cultivés et des nombreuses variétés qu'ils fournissent par semis ; in-8°, 1873.

Des races végétales qui doivent leur origine à une monstruosité ; in-8°, 1873.

www.ingramcontent.com/pod-product-compliance
Lightning Source LLC
Chambersburg PA
CBHW050628210326
41521CB00008B/1422